DE LA

LITHOTRITIE PÉRINÉALE

OU NOUVELLE MANIÈRE

D'OPÉRER LES CALCULEUX

PAR

M. DOLBEAU

Professeur à la Faculté de médecine, Membre de l'Académie de médecine
Président de la Société de chirurgie, Chirurgien de l'hôpital Beaujon

Avec 23 figures dans le texte

ET UNE PLANCHE LITHOGRAPHIÉE

PARIS

G. MASSON, ÉDITEUR

LIBRAIRE DE L'ACADÉMIE DE MÉDECINE

PLACE DE L'ÉCOLE-DE-MÉDECINE

1872

DE LA

LITHOTRITIE PÉRINÉALE

OU NOUVELLE MANIÈRE

D'OPÉRER LES CALCULEUX

PARIS. — IMPRIMERIE DE E. MARTINET, RUE MIGNON, 2.

DE LA
LITHOTRITIE PÉRINÉALE

OU NOUVELLE MANIÈRE

D'OPÉRER LES CALCULEUX

PAR

M. DOLBEAU

Professeur à la Faculté de médecine, Membre de l'Académie de médecine
Président de la Société de chirurgie, Chirurgien de l'hôpital Beaujon

Avec 23 figures dans le texte

ET UNE PLANCHE LITHOGRAPHIÉE

PARIS

G. MASSON, ÉDITEUR

LIBRAIRE DE L'ACADÉMIE DE MÉDECINE

PLACE DE L'ÉCOLE-DE-MÉDECINE

1872

INTRODUCTION

Lorsqu'on étudie longtemps le même sujet, on finit par s'en pénétrer et l'on arrive à se former une opinion toute personnelle. Les idées qui résultent d'une expérience semblable sont un produit de la réflexion, et l'on peut croire qu'elles vous appartiennent en propre. Cependant ces mêmes idées on les retrouve soit en germe, soit formulées complétement dans les écrits des auteurs qui vous ont précédé dans la même voie.

Si pour les érudits il n'y a pas grand'chose à trouver, si tout a été dit, si tout se retrouve dans les travaux antérieurs, néanmoins il y a des choses tellement anciennes et tellement oubliées ou négligées, qu'il est parfois utile de remettre en honneur certaines pratiques, dût-on se voir taxer de rénovateur, dût-on entendre l'éternelle revendication de la priorité.

Les réflexions qui précèdent nous sont suggérées par les circonstances qui ont entouré la lithotritie périnéale à son début; ces mêmes réflexions sont justifiées par les obstacles nombreux qu'on a mis à l'entier développement de cette pratique chirurgicale.

Lorsque j'ai décrit pour la première fois, en 1863, dans mon *Traité pratique de la pierre*, la lithotritie périnéale, j'invitais les chirurgiens à prendre en considération les arguments que j'avais pu réunir en faveur de cette opération ; j'apportais un seul fait suivi de succès et j'en appelais à l'examen de tous mes confrères.

J'ai trouvé peu d'écho et j'ai dû faire l'expérience seul et lentement. Les cas sont rares et je n'appliquais la nouvelle méthode que lorsque l'indication en était formelle. J'employais la lithotritie classique, autant que possible, dans tous les cas et je ne songeais à la lithotritie périnéale que lorsqu'il fallait opter entre cette dernière opération et la taille proprement dite; ce qui veut dire en deux mots que je n'ai point fait l'expérience sur des cas de choix.

J'ai démontré cliniquement la lithotritie périnéale à peu près dans tous les services hospitaliers que j'ai eu à diriger, Saint-Antoine, Cochin, et Beaujon. A l'Hôtel-Dieu, j'ai fait une opération devant les élèves de la clinique chirurgicale, alors que je remplaçais Jobert de Lamballe (1865).

J'ai successivement converti à ma manière de voir et mes nombreux élèves et les médecins qui me faisaient l'honneur de m'assister dans mes opérations, soit à l'hôpital, soit dans la pratique civile. Peu à peu la vérité s'est fait jour et j'ai eu la satisfaction de voir que quelques chirurgiens étrangers s'engageaient dans la voie nouvelle. Mais à mesure que la lithotritie périnéale prenait position dans la pratique, à mesure que des succès soutenus venaient démontrer qu'il fallait y regarder avant de conclure négativement, à mesure, dis-je, s'est élevée l'éternelle question de la priorité. L'opération que je proposais n'était d'abord pas digne d'intérêt, on la passa sous silence, puis on arriva à dire, et même à imprimer, que la lithotritie périnéale, c'était la taille médiane.

Comme l'idée de broyer la pierre dans la vessie, au travers du périnée, était vieille comme la chirurgie, toute mon intervention se réduisit bientôt à l'invention d'un instrument bien défectueux, je le reconnais, le dilatateur du col de la vessie.

En 1866, à l'occasion d'un nouveau coup de maître réédité par Borelli, la Société de chirurgie s'occupa succinctement du traitement des calculeux ; on parla de la taille médiane, de la dilatation du col de la vessie, de la fragmentation de la pierre dans la vessie comme adjuvant de la taille, et mon collègue Verneuil voulut bien citer mon nom parmi ceux des chirurgiens qui ont contribué à ramener la thérapeutique des calculeux dans une voie plus favorable. Cette même année, en rendant compte des travaux de la Société de chirurgie, je constatais moi-même officiellement le bon accueil que commençait à rencontrer la lithotritie périnéale.

Pour ceux qui envisagent la question avec impartialité, il demeure évident que depuis environ une dizaine d'années les chirurgiens se rattachent à une idée très-simple, très-pratique, mais ancienne : diminuer autant que possible le traumatisme, faire sortir la pierre par une plaie très-petite et faciliter l'extraction par le morcellement du calcul. C'est ce que Malgaigne appelait la taille lithotritique.

Je dois à ce propos citer la thèse de Rengade; ce travail est de 1866, il a pour titre : *De la lithotritie périnéale dans la cystotomie.* Cette thèse était postérieure à la communication faite par Civiale à l'Académie de médecine, « sur le morcellement des grosses pierres dans la cystotomie » (t. XXXI, p. 33). — Civiale connaissait bien alors mes recherches, mais il n'en fit aucune mention, se contentant de prendre rang dans le mouvement qui s'opérait en faveur de la fragmentation des calculs. Au contraire son élève, Rengade, voulut bien citer mes travaux, et afin d'éviter toute équivoque il s'exprimait ainsi, page 24 : « C'est avec regret que je ne puis m'occuper ici des procédés opératoires proposés par M. Dolbeau, m'étant proposé d'étudier la lithotritie périnéale seulement après la cystotomie et pour ainsi dire comme complément de cette opération. »

Le travail de Rengade démontre bien l'influence heureuse qu'a le morcellement des calculs sur les suites de la taille ; les inconvénients de cette dernière persistent néanmoins : il y a encore à redouter les hémorrhagies et les phlébites.

En proposant la lithotritie périnéale, je voulais faire un pas de plus ; au lieu de broyer la pierre pour la sortir par une petite taille, soit médiane soit latéralisée, je désirais supprimer l'incision du col de la vessie et combiner la dilatation de l'orifice cervical avec la lithoclastie.

Peut-on dilater le col de la vessie sans le déchirer, et cette dilatation permet-elle le passage facile de nos gros instruments lithotriteurs?

J'avais établi expérimentalement, sur le cadavre, que la dilatation du col était une chose certaine ; on trouvera le résultat de mes recherches dans le *Traité de la pierre*. Mais il restait à démontrer la réalité des choses sur le vivant. Tout récemment, l'autopsie pratiquée plusieurs jours après une lithotritie périnéale, m'a permis de vérifier définitivement l'exactitude des propositions fondamentales de mon opération.

La démonstration a été péremptoire, et devant la Société de chirurgie personne n'a élevé la voix pour infirmer la réalité du fait anatomique.

« La dispute, disait Louis, le secrétaire de l'Académie royale de chirurgie, rend problématiques les sujets les plus simples, elle fait naître quantité de questions incidentes ; et tandis qu'on cherche à les résoudre, on perd de vue les vrais principes de la chose, en substituant l'explication des faits équivoques et accessoires à la considération pure et simple des points essentiels. »

C'est exactement ce qui arriva devant la Société de chirurgie lorsque je présentai, en décembre 1869, la pièce dont je viens de rappeler l'importance. On abandonna la considération pure et simple du point essentiel pour parler d'opérations, toutes différentes, pratiquées par divers chirurgiens.

Cependant la majorité de la Société demeura convaincue, et tandis que Trélat voulait bien m'accorder d'avoir seulement affirmé par ma pratique des opinions déjà anciennes, Demarquay, Tillaux, Guyon, Giraldès et d'autres, déclarèrent que mon opération était nouvelle. Plusieurs de mes collègues songèrent alors à m'aider : Demarquay me fit appeler dans son service pour y pratiquer une opération sous ses yeux en présence de ses élèves ; Marjolin me confia libéralement un de ses malades de la ville ; enfin plusieurs de mes jeunes collègues des hôpitaux se mirent en mesure d'expérimenter par eux-mêmes.

Bref, nous fûmes tous d'accord que la lithotritie

périnéale devait être étudiée, perfectionnée et discutée dans tous ses résultats. Personnellement, et quoique je sois de plus en plus convaincu de l'importance qu'offre l'opération nouvelle, je crois qu'il faudra l'étudier encore longtemps et dans toutes les conditions si diverses qui s'imposent aux praticiens, pour arriver à rendre un jugement définitif.

C'est, d'une part, pour vulgariser la méthode, et d'autre part pour fournir tous les éléments du jugement de l'avenir, que je publie ce mémoire.

On verra dans les développements qui vont suivre combien la lithotritie périnéale a déjà été modifiée par son inventeur. L'opération en elle-même, les instruments, tout a été perfectionné ; le cercle des indications opératoires a été très-étendu, si bien qu'il n'y a guère qu'une analogie entre l'opération que je proposais en 1863 et celle que je pratique depuis plusieurs années.

Janvier 1872.

LITHOTRITIE PÉRINÉALE

OU NOUVELLE MANIÈRE

D'OPÉRER LES CALCULEUX

CONSIDÉRATIONS PRÉLIMINAIRES

J'ai désigné du nom de *lithotritie périnéale* une opération qui consiste à débarrasser les calculeux en une seule séance, quel que soit d'ailleurs le volume de la pierre. Envisagée dans son ensemble, la manœuvre consiste dans la formation artificielle d'un trajet cylindrique allant du périnée jusque dans la vessie ; au travers de cette voie, on introduit divers instruments lithotriteurs, la pierre est alors fragmentée, et ses nombreux débris sont extraits définitivement, en une seule fois.

Il est nécessaire d'ajouter que dans la lithotritie

périnéale, l'instrument tranchant intéresse seulement
la peau dans une étendue de 2 centimètres maximum.
Avec la pointe du bistouri on ouvre l'urèthre, et
c'est avec un dilatateur mousse que l'on creuse, par
refoulement des tissus et par conséquent sans effusion
de sang, le trajet qui doit réunir la vessie à la petite
incision des téguments externes.

Avant d'aller plus loin, je dois m'arrêter un instant
et m'expliquer sur la dénomination appliquée à l'o-
pération que je m'efforce de vulgariser.

J'ai trouvé l'expression de lithotritie périnéale employée plusieurs fois, dans un mémoire publié en
1858, par Bouisson (de Montpellier).

Si je mentionne cette circonstance, c'est, d'une
part, pour laisser à mon collègue la priorité d'un mot
que je croyais avoir inventé en 1862, et, d'autre
part, pour mettre le lecteur à l'abri de toute confusion.

Quand Bouisson fait de la lithotritie périnéale,
il se propose de détruire un calcul vésical au moyen
d'une série de séances lithotritiques espacées entre
elles de plusieurs jours.

Le chirurgien de Montpellier emploie les brise-
pierres à pignon ou à percussion ; les mêmes, dit-il,
qui servent pour l'opération de la lithotritie ordinaire ; mais au lieu d'introduire l'instrument par le
canal de l'urèthre en suivant les règles du cathété-

risme, Bouisson préfère utiliser un trajet plus rectiligne. Il met à profit soit une fistule urinaire préexistante et préalablement incisée ou dilatée, soit une boutonnière chirurgicale établie immédiatement en arrière du bulbe de l'urèthre.

Il ne sera peut-être pas inutile de préciser encore davantage les faits.

Dans son travail ayant pour titre : *De la lithotritie par les voies accidentelles* (voy. *Tribut à la chirurgie*, t. I, p. 31, et *passim*), le professeur Bouisson a fait voir que, dans quelques cas très-restreints, la chirurgie pouvait utiliser les voies accidentelles, certaines fistules urinaires s'ouvrant au périnée, pour aller broyer un calcul dans l'intérieur de la vessie. Encouragé par deux succès qui sont relatés dans le mémoire que je viens de citer, notre savant confrère déclare que « c'est en vue des cas insolites qu'il faut chercher des principes de conduite », et il conclut, après une série de déductions plus ou moins péremptoires : « Je proposerais d'en faire usage (la boutonnière) pour simplifier les conditions pathologiques des calculeux atteints de rétrécissement considérable de l'urèthre, et je n'hésiterais pas à exécuter la lithotritie par cette ouverture nouvelle. »

On ne trouve dans le mémoire aucune observation à l'appui de cette dernière proposition chirurgicale.

Quelques chirurgiens ont pensé que la lithotritie périnéale n'était autre chose qu'une combinaison favorable de la taille médiane et de la lithotritie ; on a rappelé à ce sujet la pratique heureuse de Bouisson, et l'on a soulevé, comme toujours, la question de priorité.

Je trouve, dans le *Mémoire sur la lithotritie par les voies accidentelles*, le passage suivant : « Une dernière conséquence des idées qui viennent d'être développées, concernant l'application que l'on peut faire de la lithotritie sur calculeux, dont la vessie est mise en communication accidentelle avec le périnée, consiste à associer, dans certains cas, le broiement de la pierre avec la cystotomie. »

La conclusion si logique que nous venons de rappeler ne peut constituer, pour Bouisson, un titre à la revendication de priorité.

La combinaison de la taille et de la lithotritie appartient à l'histoire de l'art ; on en retrouve les vestiges dès la plus haute antiquité chirurgicale. A l'époque moderne, il est peu de chirurgiens qui n'aient caressé l'idée de favoriser l'extraction des calculs par une fragmentation préalable.

En 1827, Antoine Dubois proposait à l'Académie de chirurgie de combiner la taille et la lithotritie. Une méthode nouvelle venait de naître, la lithotritie entrait dans la pratique, et l'illustre chirurgien que je viens de

citer voulait que la cystotomie mît à profit les perfectionnements apportés dans la construction des instruments lithotriteurs. La même année, Civiale exécutait
une opération, dans laquelle il combinait les deux
méthodes, et vers 1830, Dupuytren recommandait,
dans ses leçons, la combinaison de la taille et de la
lithotritie. Enfin, Malgaigne a consacré, dans sa remarquable thèse de concours en 1850, un chapitre à
l'examen de ce qu'il appelle la taille lithotritique.

Je crois avoir suffisamment insisté ; les opérations
pratiquées par Bouisson sont très-ingénieuses, mais
elles s'appliquent, comme il le dit lui-même, à des
cas insolites. Les déductions de notre collègue
sont très-dignes d'attention ; mais dans les diverses
circonstances où se place l'auteur, son projet est toujours de faire une série de séances successives de
lithotritie à travers une voie périnéale accidentelle
ou artificielle.

L'opération que je pratique depuis bientôt dix ans
diffère donc de celle exécutée par mon collègue. A
Paris, on débarrasse le malade en une seule séance,
tandis qu'à Montpellier, on fait une série d'opérations
de lithotritie pour arriver au même résultat.

J'ai mis le lecteur en garde contre toute confusion
entre la pratique de Bouisson et la mienne ; j'ajouterai que, pour moi, la dénomination de lithotritie
périnéale s'applique à une opération qu'il serait

inexact de désigner du nom de taille lithotritique, puisqu'il ne s'agit en aucune façon de combiner la lithotritie avec la cystotomie.

Dans la taille lithotritique, le col de la vessie est incisé, la prostate également ; dans la lithotritie périnéale, le col de la vessie, au lieu d'une incision à direction variée suivant les méthodes et procédés, le col de la vessie, dis-je, subit une dilatation lente, méthodique, sans déchirure.

Quant à la combinaison de la taille médiane avec la lithoclastie, opération dont on a beaucoup parlé dans ces derniers temps, c'est une tentative qui est loin d'être nouvelle. J'ai fait, dans mon *Traité de la pierre*, l'historique de cette question toujours renaissante, depuis Marianus Sanctus jusqu'à nos jours. J'ai montré combien était ancienne l'idée de morceler la pierre pour en faciliter l'extraction par la taille ; j'ai fait voir que depuis tantôt vingt ans, les chirurgiens convergeaient tous vers la réalisation d'une idée conservatrice.

On s'efforce de diminuer l'étendue des incisions, on fragmente le calcul pour proportionner le volume du corps étranger à l'orifice de sortie ; l'idée moderne, c'est une petite taille combinée à la lithoclastie.

La tendance de la chirurgie actuelle, Bouisson l'a parfaitement formulée, lorsqu'il dit dans son remarquable *Mémoire sur la taille médiane :* « En fait, si l'on veut bien considérer le problème de thérapeutique chirurgicale qui consiste à proportionner le volume du corps à extraire de la vessie avec l'étendue de la voie artificielle qu'on lui ouvre, on verra que le même résultat peut être obtenu en réduisant le volume de la pierre ou en augmentant l'étendue de la voie d'extraction. Qu'on brise le calcul en fragments proportionnés à une petite ouverture ou qu'on agrandisse une ouverture conformément aux dimensions de la pierre, le but est le même, et la solution du problème est également donnée. La question change de face et se réduit à savoir laquelle des deux solutions est moins préjudiciable à l'opéré. Vaut-il mieux extraire par une large voie le gros calcul qui le tourmente? Vaut-il mieux ouvrir une petite voie, introduire par cette voie les instruments lithotriteurs, attaquer le calcul et le réduire en fragments que l'on puisse extraire par la petite ouverture? Posée de cette manière, la question nous paraît se présenter sous un jour véritablement utile et pratique, et l'on peut déjà pressentir que la taille médiane est susceptible d'une combinaison heureuse avec la lithotritie. »

En résumé, l'idée de combiner la taille avec la fragmentation des calculs appartient, suivant moi, à tout le monde. On aurait tort de revendiquer, comme on l'a fait en faveur de tel ou tel, la combinaison de la taille médiane avec la lithotritie. Personnellement, je n'y prétends rien ; j'ai tout simplement imaginé de combiner la lithotritie avec le grand appareil, et toute revendication de ma part se réduit à avoir, le premier, exécuté réellement ce que Marianus, en 1520, puis tous les Colot et principalement F. Colot, croyaient faire de leur temps, *sectio vel methodus Mariana*.

J'ai, le premier, pratiqué une opération dans laquelle l'incision médiane des téguments n'est que le moyen d'arriver à dilater le col de la vessie ; j'ajouterai que, loin de rejeter la lithoclastie à l'exemple de Marianus, qui la déclare une opération blâmable, je la combine à la dilatation, et cette combinaison, c'est la lithotritie périnéale.

Bouisson dit, page 275 de son *Mémoire sur la taille médiane :* « La taille médiane comprend deux modes d'exécution bien distincts : l'un, que le temps a mis hors de cause, et dans lequel l'incision médiane n'était qu'un moyen, pour ainsi dire, de faciliter la dilatation du col de la vessie, cette dilatation constituant elle-même la partie essentielle de l'opération ; l'autre, dans lequel on trace, avec l'instrument tranchant, et dans la direction de la ligne médiane, la voie artificielle que le calcul doit franchir. Le premier constitue exclusivement le grand appareil, etc. »

Ce mode de traiter les calculeux, celui que le temps a, suivant Bouisson, mis hors de cause, le grand appareil, est celui que je fais tous mes efforts pour remettre en honneur. Voici, d'ailleurs, comment je m'exprimais devant la Société de chirurgie, en 1869 :

« Je vais tâcher de bien faire comprendre en quoi consiste la manœuvre, et j'espère démontrer que l'opération est bien réellement mienne.

» Quand on veut parvenir dans la vessie par le périnée, on est forcément obligé d'imiter un peu les autres. Il faut inciser les téguments, il faut rechercher l'urèthre, etc.; mais, en suivant une voie parcourue bien des fois, on peut encore le faire d'une façon originale.

» Lorsqu'on envisage le périnée, on trouve, sur la ligne médiane, l'anus, puis le bulbe de l'urèthre. Ces deux organes sont, en général, très-rapprochés l'un de l'autre; il y a même des auteurs qui déclarent que parfois le bulbe est accolé à la face antérieure de l'intestin. Lors donc qu'on fait, au-devant de l'anus, une incision médiane d'une certaine étendue, on coupe nécessairement le corps spongieux si le bistouri va plus profondément que l'aponévrose.

» Préoccupé d'éviter le bulbe, et en même temps le rectum, je faisais autrefois une incision de 4 centimètres, s'arrêtant à 5 millimètres de l'anus. J'incisais lentement, de manière à reconnaître le muscle bulbo-caverneux; puis, à l'intersection de ce muscle avec le sphincter de l'anus, c'est-à-dire en arrière du bulbe, je faisais la ponction de l'urèthre à l'origine de la portion membraneuse. Depuis, j'ai pris l'habitude de la chose, j'ai cessé de trop redouter la blessure du rectum, et j'ai un peu modifié le manuel opératoire, tout en arrivant toujours au même résultat.

» Mon incision n'a plus que 2 centimètres ; elle commence immédiatement à l'union de la peau et de la muqueuse de l'anus ; en déprimant les tissus dans l'angle postérieur de la petite plaie, je suis certain de rencontrer le cathéter et d'éviter le bulbe.

» Lorsque les tissus, refoulés sur le cathéter, ont été simplement ponctionnés et non pas incisés, j'abandonne tout instrument tranchant et je me sers de mon dilatateur. Dès lors, pas d'ouverture de vaisseaux, la voie nouvelle va se faire par déchirure, et surtout par le refoulement des tissus. C'est ce qu'a bien compris Chassaignac lorsqu'il dit que c'est une plaie par écrasement, et c'est ce que Trélat n'a probablement pas bien saisi lorsqu'il dit que je fais la taille médiane. Je me serai mal expliqué.

» Lorsque le dilatateur a exécuté sa manœuvre toute mécanique et méthodiquement calculée, que résulte-t-il de l'action de cet instrument mousse ?

» Messieurs, le résultat obtenu est toujours le même, identique ; je l'ai constaté un grand nombre de fois, et ces jours derniers j'en faisais une nouvelle démonstration en présence de notre collègue Tillaux.

» Lorsque le dilatateur est enlevé, il y a, creusé dans le périnée, un canal régulier, du volume du doigt indicateur. Ce canal, véritable voie prérectale, est formé par le refoulement des tissus ; il commence à la peau et finit au col de la vessie. Ce dernier est intact, mais dilaté à 2 centimètres de diamètre. L'instrument a déchiré linéairement la paroi inférieure de la région membraneuse, mais il a respecté l'orifice uréthro-vésical.

» Je l'ai dit, le résultat de l'action du dilatateur est toujours le même ; ce résultat est certain, et c'est en cela que mon opération est nouvelle. On fait bien la taille médiane, mais on coupe souvent le bulbe ; de plus, en admettant la ponction faite en arrière du bulbe, je ne crois pas qu'on puisse faire, avec un bistouri ou un lithotome, une incision aussi précise, aussi régulière que celle que j'obtiens par le dilatateur.

» Ceux qui font la taille membraneuse coupent les tissus ; moi, je les refoule ; ils coupent le col de la vessie ; moi, je le dilate. J'ai vu l'hémorrhagie suivre la taille médiane ; cet accident est impossible avec mon procédé.

» J'ajoute que, le col de la vessie restant intact dans la lithotritie périnéale, mes malades conservent leurs urines et ne sont pas sans cesse mouillés, exposés aux escharres, comme le sont les taillés.

» Je crois avoir établi que ma manière d'agir est toute nouvelle. Je vous ai démontré la réalité de mes assertions en vous soumettant des pièces anatomiques. C'est à l'avenir de montrer que mon opération vaut autant ou plus que ce qu'on appelle la taille médiane combinée à la lithotritie. »

On a pu dire qu'il y avait une grande analogie entre la lithotritie périnéale, telle que je l'avais indiquée en 1863, et la taille médiane avec lithotritie ; je reconnais volontiers cette analogie. Depuis, j'ai beaucoup étudié le sujet, l'expérience clinique m'a permis de perfectionner la méthode, et la lithotritie périnéale, qui n'était alors qu'à l'état d'ébauche, est actuellement constituée. C'est pour cette raison que j'ai pu dire, dans l'Introduction placée en tête de ce mémoire : il n'y a guère plus qu'une analogie entre l'opération que j'exécutais pour la première fois en 1863 et celle que je pratique depuis plusieurs années.

Mon principal contradicteur à la Société de chirurgie a bien saisi la distinction, lorsqu'il dit, page **516** du *Bulletin* pour 1869 : « Ce n'est point la combinaison de la lithotritie avec une taille particulière qui constitue le caractère propre de l'opération de M. Dolbeau. » Cela est fort exact, je le répète, mon opération est une lithotritie en une seule séance, à travers une voie accidentelle creusée par la dilatation.

Je reproduis, pour terminer, un fragment d'une lettre adressée à Marchal (de Calvi) par le docteur Ed. Rousseau (voy. *Tribune médicale*, 1870, p. 359).

« M. Rizzoli ne joint à son procédé de taille la .lithotritie périnéale que par exception ; M. Dolbeau l'érige en règle générale, toutes les fois qu'une contre-indication existe à la lithotritie uréthrale, — M. Dolbeau dilate, M. Rizzoli incise. »

Laissant donc de côté toutes les questions de priorité et d'invention qui, toutes, ont été traitées et résolues équitablement, je le crois, il demeure établi que j'opère les calculeux, ceux qu'on ne peut lithotritier, d'une manière qui m'est toute personnelle. Je réalise, il est vrai, le but poursuivi par tous les chirurgiens, je débarrasse les malades du corps étranger qu'ils ont dans la vessie ; mais comme je procède d'une façon très-différente, comme jusqu'ici j'ai trouvé peu d'imitateurs, je suis en droit d'affirmer que la lithotritie périnéale est une opération qui m'est toute personnelle.

La lithotritie périnéale m'a donné jusqu'ici une très-forte proportion de succès, quoique la méthode n'ait jamais été appliquée que secondairement ; je n'ai pas choisi les malades, la plupart de mes opérés avaient déjà subi des tentatives de lithotritie.

Je conclus de ce qui précède qu'il faut persister dans l'emploi de la lithotritie périnéale, jusqu'à ce que l'expérience nous ait démontré qu'on doit revenir à la taille.

NOTIONS D'ANATOMIE ET DE PHYSIOLOGIE

Je n'ai point l'intention de refaire ici l'anatomie topographique du périnée, je renvoie le lecteur aux livres classiques et à ce que j'ai dit moi-même dans mon *Traité de la pierre*, page 222 et suivantes.

J'insisterai seulement sur quelques points litigieux qui se rattachent tous à l'exécution de la lithotritie périnéale ; j'étudierai successivement : 1° la situation exacte du bulbe de l'urèthre par rapport au périnée, à l'anus et à l'intestin rectum ; 2° la dilatabilité du col de la vessie.

DE LA SITUATION DU BULBE.

La blessure du bulbe est très-intéressante au point de vue clinique. Cette lésion a souvent donné lieu à des hémorrhagies abondantes ; l'inflammation suppurative du tissu spongieux de l'urèthre peut avoir pour conséquence l'infection purulente, cette grave complication qui menace tous les opérés.

Personne ne révoque en doute qu'il ne faille, autant

que possible, éviter la lésion du bulbe de l'urèthre dans les opérations de la taille. Certaines tailles latéralisées, la taille bilatérale de Dupuytren, ont permis aux chirurgiens d'éviter assez souvent, sinon toujours, la blessure du bulbe. La sécurité n'était cependant pas complète et bien des opérateurs se rapprochaient encore trop du bulbe dans la crainte de léser le rectum. Nélaton, voulant à la fois respecter le bulbe tout en conservant l'intestin intact, prit franchement le rectum comme guide opératoire; il a en effet démontré qu'en suivant la paroi antérieure du rectum on arrive à la pointe de la prostate, ce qui permet d'ouvrir en ce point l'urèthre, avec la certitude de ne blesser aucun des organes; telle est la taille prérectale.

Mes premières opérations de taille remontent à l'année 1858; après avoir exécuté deux ou trois fois la cystotomie prérectale, j'adoptai la taille médiane, telle que la pratiquait Civiale depuis 1836, c'est-à-dire bien avant Lallemand. C'est à tort qu'on revendique pour l'école de Montpellier le mérite d'avoir, vers 1840, entrepris la réhabilitation de la taille médiane.

Civiale employait un procédé mixte auquel j'ai donné, dans mon *Traité de la pierre*, le nom de taille médio-bilatérale. Suivant Civiale, son procédé était une combinaison de la taille médiane et de la taille bilatérale de Dupuytren; l'incision des téguments était médiane, la section du col de la vessie portait à droite et à gauche.

En suivant la clinique de l'hôpital Necker, je fus surpris de deux circonstances. J'admirai la grande facilité d'exécution et je pus constater que beaucoup d'opérés guérissaient. Depuis, en pratiquant la taille médio-bilatérale, j'ai gardé la pensée que la blessure du bulbe devait être bien souvent la conséquence de l'incision médiane.

Civiale ne ménageait guère les distances, il faisait une incision de 4 ou 5 centimètres suivant le raphé médian, et j'ai pu vérifier dans plusieurs autopsies que le chirurgien de Necker coupait souvent le bulbe dans une grande étendue et parfois en totalité.

L'intention était bonne, puisque Civiale dit dans son livre qu'il faut commencer à 15 lignes, c'est-à-dire à près de 34 millimètres de l'anus; que le premier trait de l'incision portera sur la peau et que le deuxième trait qui doit ouvrir l'urèthre ne commencera qu'en arrière du bulbe, qu'il faut bien prendre garde d'intéresser. L'intention était bonne, je le répète, mais l'exécution était détestable et je n'oublierai jamais Civiale me disant à l'autopsie d'un de ses malades, alors que je lui faisais constater une phlébite suppurée du bulbe et de nombreux abcès métastatiques : « La blessure du bulbe n'a pas l'importance que vous lui attribuez en chirurgie; l'écoulement sanguin qui en résulte dégorge les tissus; quant à l'infection purulente je ne m'en occupe pas. »

Si j'ai rappelé les quelques détails qui précèdent, c'est pour bien faire comprendre quelle était ma préoccupation, lorsqu'en 1863 je m'efforçais de démontrer à grands renforts d'arguments la proposition suivante : Il est matériellement possible de parvenir jusqu'à la vessie, par une incision médiane, sans intéresser ni le bulbe ni le rectum (voy. p. 225 et suiv.). Je disais encore, page 362 : « Frappé des avantages que semble offrir la taille médiane, nous n'avons adopté cette opération qu'après avoir constaté qu'une incision ménagée, pratiquée au devant de l'anus et suivant le raphé, permettait de pénétrer dans la région membraneuse sans blesser le bulbe.

» Cette notion de chirurgie expérimentale est aujourd'hui confirmée par trois autopsies faites par nous, sur des individus qui avaient succombé à la taille. Cependant, nous avons voulu, une fois de plus, vérifier le fait en répétant nos expériences sur la lithotritie périnéale. Les résultats sont des plus concluants; en effet, sur dix sujets dont le plus jeune avait vingt-cinq à vingt-huit ans et le plus âgé soixante-dix ans, nous avons pratiqué la taille membraneuse au moyen d'une incision médiane, et jamais nous n'avons intéressé le bulbe ni son prolongement. »

On trouve dans mon livre la description du manuel

opératoire, pour exécuter la taille médiane en évitant sûrement le bulbe.

Si l'on devait en croire bon nombre de chirurgiens de l'époque actuelle, plusieurs des orateurs qui ont pris part aux discussions devant la Société de chirurgie, rien ne serait plus facile que d'éviter la lésion du bulbe en pratiquant l'incision médiane ; il suffit, dit-on, de savoir exactement quel est le siége occupé par cet organe.

Il est cependant bon de mentionner que Guérin conseille de disséquer le bulbe, de l'isoler, afin d'être bien sûr qu'il demeurera intact. Ces précautions démontrent que le bulbe n'est point si facile à éviter qu'on le pense généralement. Je suis tout disposé à croire mes collègues sur parole, mais comme chacun de nous peut se tromper de bonne foi, je crois qu'on peut, sans offenser personne, vérifier certains faits, contrôler certaines assertions.

Constatons d'abord combien les anatomistes et les chirurgiens sont peu d'accord sur la situation exacte du bulbe, sur la distance qui sépare ce renflement de l'orifice anal. Toute la question est là cependant : il faut qu'il y ait un espace entre le bulbe et l'anus, pour qu'on puisse faire une incision médiane sans blesser aucun de ces organes.

Dupuytren dit que la distance qui sépare le bulbe de l'anus est de 20 à 22 millimètres, mais il reconnaît qu'il existe pour le bulbe de nombreuses variétés de volume, de saillie, et de longueur. La lésion ne pourrait, dit-il, être sûrement évitée, à moins que l'incision de la taille ne se rapprochât beaucoup de l'anus.

Blandin indique comme distance entre le bulbe et l'intestin 22 millimètres. Dans la taille médiane, dit cet observateur sagace, le bulbe est fréquemment coupé.

Pour Malgaigne, la distance entre le bulbe et l'anus oscille entre 10 et 22 millimètres.

Jarjavay donne les chiffres suivants : de 16 à 20 millimètres chez l'adulte, 13 et même 10 chez le vieillard.

Velpeau n'a point précisé.

Sappey donne 18 à 20 pour l'adulte, 10 à 12 pour le vieillard.

Bouisson a donné un chiffre assez élevé, 25 millimètres, mais il reconnaît que la saillie du bulbe est développée en raison directe de l'âge des sujets.

J'ai moi-même indiqué une moyenne de 15 millimètres comme étant conforme à la généralité des cas. Cette distance doit être indiquée comme une donnée importante pour la médecine opératoire.

Les opérateurs sont également en désaccord ; l'étendue et la situation des incisions varient, quoique tous ils aient pour but d'éviter la blessure du bulbe.

Je ne m'occuperai pas des anciens lithotomistes ; ceux qui pratiquaient le grand appareil devaient certainement couper le bulbe. Cependant, il est équitable de dire que Colot recommande, textuellement, d'ouvrir la partie basse de l'urèthre en arrière du bulbe.

Pour l'époque moderne, j'ai déjà dit que Civiale donnait de sages préceptes dans son livre, mais qu'il ne s'y conformait nullement dans sa pratique.

Malgaigne, convaincu qu'il y aurait grand avantage à ménager le bulbe, évalue à 22 millimètres maximum la distance qui sépare cet organe d'avec l'intestin, et il se demande pourquoi les opérateurs commencent classiquement l'incision à 27 millimètres, c'est-à-dire avec la presque certitude de couper le bulbe.

Si l'on envisage la pratique de Bouisson, d'après les observations qu'il a publiées lui-même, on est tout d'abord surpris de l'étendue très-variable qu'il donne à l'incision médiane ; suivant les divers malades, l'incision a tantôt 3, tantôt 4 centimètres d'étendue. Je suis, en outre, frappé de certaines contradictions.

D'après Bouisson, le bulbe est distant de l'anus de 2 centimètres et demi ; l'entrecroisement des muscles sphincter, bulbo-caverneux, transverses, constitue la limite antérieure de l'incision, et en cela il reproduit l'assertion formulée par Dupuytren ; cet entrecroisement est situé, suivant Bouisson, à 2 centimètres de l'anus, et comme il est dit dans le manuel opératoire que l'incision s'arrête, en arrière, à 1 centimètre avant d'atteindre l'anus, il ne reste plus que 1 centimètre pour la plaie. C'est bien peu, et je ne comprends plus que l'auteur dise qu'il fait une plaie de 3 ou 4 centimètres pour ponctionner ensuite l'urèthre en arrière du bulbe. Il est plus que probable que Bouisson, à l'exemple de Civiale, n'intéresse dans le premier temps que la peau, et que l'incision profonde, au lieu de 3 ou 4 centimètres, n'a plus que 1 centimètre d'étendue.

Dans la discussion à la Société de chirurgie, Tillaux a été également frappé des dimensions données par Bouisson à l'incision périnéale; il a raison d'émettre un doute, quand on dit que le bulbe peut être sûrement évité alors qu'il s'agit par exemple, dans un cas spécial, d'une incision de 4 centimètres se terminant à 1 centimètre au-devant de l'anus. Dans un autre cas, il est question d'une plaie de 3 centimètres, allant de la racine des bourses jusqu'en avant de l'anus. (Voy. *Bullet. de la Soc. de chir.*, t. XI, p. 15.)

J'avais fait les mêmes remarques que Tillaux, et j'avoue que je suis assez perplexe pour formuler une appréciation. J'ai quelque tendance à croire que Bouisson n'a pas toujours évité la blessure du bulbe, néanmoins je reconnais volontiers avec Trélat « que lorsqu'un homme de la valeur de M. Bouisson dit s'être mis en garde contre une lésion du bulbe et l'avoir évitée, on ne peut admettre qu'il a dû nécessairement se tromper », mais j'affirme que des chirurgiens moins expérimentés couperont presque certainement le bulbe, s'ils suivent à la lettre le manuel opératoire de la taille médiane tel que l'a décrit Bouisson.

Je suis tellement convaincu que la lésion du bulbe est difficile à éviter, même en prenant pour point de repère, à l'exemple de Dupuytren, et comme le conseille après lui Bouisson, l'entrecroisement des muscles du périnée, que j'ai reporté l'incision tout à fait en arrière. Aujourd'hui, je ne donne plus à l'incision que 2 centimètres maximum, et elle se termine à l'union de la peau et de la muqueuse du pourtour de l'anus.

L'incision telle que je la limite ici serait absolument insuffisante, si elle devait servir à ouvrir la vessie pour en extraire une pierre d'un volume moyen ; cette taille médiane serait beaucoup trop petite, elle exposerait en outre à la blessure du rectum.

L'incision médiane pré-anale n'est acceptable que comme un moyen d'aborder facilement la portion basse de l'urèthre, c'est-à-dire la région membraneuse ; on peut ainsi ponctionner directement l'urèthre pour faire ensuite la voie au moyen d'un instrument mousse qui agit par simple refoulement des tissus. Le trajet artificiel qui résulte de l'action du dilatateur ne permet pas l'extraction du calcul, c'est une voie à peine suffisante aux nombreux fragments qui résultent du broiement de la pierre.

DE LA DILATABILITÉ DU COL DE LA VESSIE.

J'ai déjà rappelé que le grand appareil de Marianus, vulgarisé par la famille des Colot, comportait, non pas une incision du col de la vessie, mais simplement une incision de l'urèthre au périnée, comme préambule à la dilatation du col au moyen d'un instrument spécial, le dilatatoire. Fr. Colot a particulièrement insisté, dans son livre, sur ce point capital, page 307 et suivantes.

On ne doit pas abandonner le dilatatoire. « Car, ce sont, dit-il, ses bons effets qui en ont confirmé l'usage de tous temps. Quand on a suivi cette méthode, on n'a jamais vu l'opérateur manquer de tirer la pierre. Au contraire, avec le gorgeret-cystotome on remet souvent les malades au lit sans leur avoir ôté la pierre....

» Celui qui opère ménage la dilatation selon le volume de la pierre, etc., etc. Ceux qui ont inventé le gorgeret ne connaissaient pas assez la manœuvre de ce dilatatoire. »

Malgré toutes les affirmations de Fr. Colot il demeure certain que de son temps la prétendue dilatation du col de la vessie n'était qu'une déchirure plus ou moins étendue, et parfois une dilacération profonde des organes. Les incertitudes de la dilatation expliquent l'invention du gorgeret-cystotome, elles rendent compte des procédés de Maréchal et de tant d'autres chirurgiens.

Notre intention, on se le rappelle, est de réhabiliter le grand appareil, tel que le concevait Colot. Dupuytren, dans son grand ouvrage sur la taille bilatérale, dit qu'il faut conserver la méthode de Celse, éclairée par le flambeau de l'anatomie et pratiquée avec les instruments modernes ; j'en dirai autant pour la taille de Marianus, pour la lithotritie périnéale.

Etudions donc la dilatabilité du col de la vessie, et, à ce sujet, il nous faut reproduire ce que j'ai écrit, en 1863, dans mon *Traité de la pierre*, page 363 et suivantes.

On a de tout temps, même à notre époque, exagéré beaucoup la dilatabilité du col vésical, et par là nous entendons désigner, à l'exemple de Deschamps, la partie prostatique de l'urèthre. Cette propriété du col de la vessie est démontrée par les observations de pierres volumineuses qui, du réservoir urinaire, se sont avancées jusque dans la partie profonde du périnée. L'ampleur que peut acquérir l'urèthre en arrière de certains rétrécissements, prouve encore que la distension de ce canal peut être presque indéfinie.

Ces diverses circonstances sont aujourd'hui parfaitement établies ; mais c'est à tort qu'on a supposé et admis qu'on pourrait, séance tenante, distendre assez le col de la vessie pour permettre l'introduction de gros instruments, et consécutivement, l'extraction des calculs sans inciser la prostate.

Les expériences de Le Dran, celles de l'Académie de chirurgie, ont démontré que ces prétendues dilatations qui faisaient la base du grand appareil, n'étaient pas réelles, et que l'action du dilatatoire avait pour résultat des déchirures plus ou moins considérables. Après ces tentatives, on trouvait généralement une longue fente qui se prolongeait jusqu'au col de la vessie inclusivement et qui arrivait quelquefois jusqu'à l'embouchure des uretères. On a encore noté la séparation complète de la prostate d'avec la muqueuse du col ; enfin, des déchirures multiples et irrégulières de l'orifice interne de l'urèthre.

Ces différents délabrements tenaient : 1° à la manière de procéder ; 2° à la nature des instruments.

Le Dran a établi que la dilatation brusque produisait bien plus de désordres que la dilatation lente. Quant à l'instrument dilatatoire, son action portait sur deux points seulement de l'orifice qu'on voulait ouvrir ; il était donc tout simple que la rupture se produisît, d'autant plus que le mécanisme de l'écartement des branches ne permettait guère une dilatation lente et uniforme. Enfin, il est bon d'ajouter que la distension du col étant précédée d'une incision de l'urèthre, il était tout naturel que l'effort du dilatatoire eût pour résultat le prolongement, sous forme de déchirure, de l'incision vers la vessie.

Nos expériences personnelles ont également démontré que la dilatation chirurgicale ne peut en aucune façon être assimilée à la dilatation pathologique, et que l'incision préalable de l'urèthre s'oppose à ce que la distension soit poussée bien loin, sans qu'elle provoque immédiatement une rupture.

Frappé de l'insuffisance des dilatateurs qu'on trouve dans l'arsenal ancien, nous avons fait construire un instrument susceptible de faciliter l'opération. Il nous a paru qu'un bon dilatateur devait réunir les conditions suivantes : 1° multiplier les branches afin de répartir l'effort de la dilatation sur un plus grand nombre de points de l'orifice ; 2° déterminer un écartement parallèle des branches au lieu d'une divergence à angle, afin d'obtenir une dilatation cylindrique ; 3° enfin, provoquer l'écartement des branches de l'instrument au moyen d'un mécanisme qui permette de pratiquer la dilatation avec lenteur, ménagement et uniformité.

Toutes les conditions que nous venons d'exposer se trouvent heureusement réunies dans le dilatateur dont nous devons l'exécution à Charrière (fig. 1).

Dans nos expériences sur la dilatabilité du col de la vessie, nous avons employé deux instruments : le n° 1, dout le diamètre transversal est de 12 millimètres dans la partie la plus renflée, mais pouvant acquérir un écartement qui porte ce même diamètre à 20 millimètres ; le n° 2 a des dimensions doubles de celles du précédent, et l'on peut atteindre avec celui-ci une dilatation de 40 millimètres.

Pour étudier la dilatabilité du col de la vessie, nous avons procédé de deux manières : 1° action du dilatateur par le périnée; 2° action du dilatateur par l'intérieur même de la vessie.

1° Le cathéter étant placé dans la vessie, on fait une ponction de l'urèthre immédiatement en arrière du bulbe; le dilatateur conduit dans la rainure de la sonde peut alors pénétrer dans la vessie par une manœuvre comparable à l'introduction du lithotome dans l'opération de la taille. Le passage du dilatateur, fait avec ménagement, ne rencontre pas de difficultés notables, mais il en résulte constamment une prolongation en arrière,

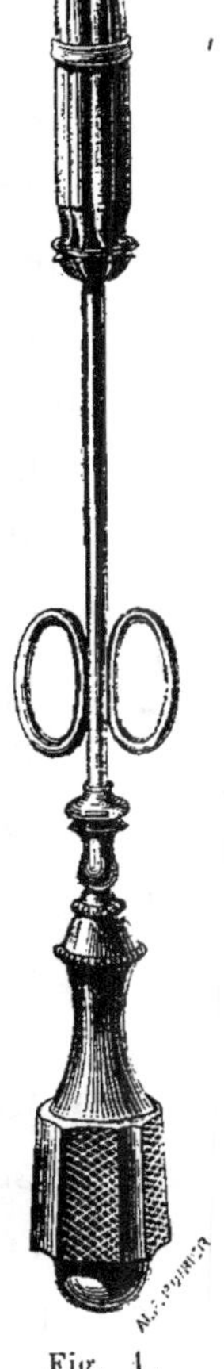

Fig. 1.

sorte de déchirure régulière, de l'incision faite à la région membraneuse. Si l'on dissèque alors la pièce, on trouve le col de la vessie intact, la région prostatique intacte, puis sur la ligne médiane inférieure, une fente uréthrale qui commence immédiatement en arrière du bulbe et qui s'étend jusqu'à la pointe de la prostate exclusivement. Ces résultats ont toujours été identiques dans les nombreuses expériences que j'ai répétées.

Lorsque l'instrument a pénétré dans la vessie, on peut pratiquer la dilatation du col et l'on arrive facilement à un développement de 20 millimètres. L'instrument étant extrait, on constate que l'introduction du doigt dans la vessie se fait sans trop de difficulté ; par conséquent, le dilatateur a déterminé dans l'épaisseur du périnée un trajet irrégulièrement cylindrique qui commence à l'orifice interne de l'urèthre et qui finit à la peau.

Exposons maintenant quel est l'état des parties après cette dilatation de 20 millimètres ; constamment nous l'avons trouvé le même et tel que nous allons le décrire. On observe, comme précédemment, une déchirure linéaire de la paroi inférieure de la portion membraneuse ; mais au lieu de s'arrêter à la pointe de la prostate, la fente se prolonge dans la région prostatique de l'urèthre, longe la partie droite de la crête uréthrale et vient finir au niveau de l'utricule. On trouve souvent une petite déchirure du tissu prostatique, mais elle est limitée à la pointe de l'organe; toujours régulière et semblable, cette solution de continuité correspond au sillon médian qu'on remarque sur la face postérieure de la glande.

Dans toutes ces expériences, nous avons constamment trouvé la portion sus-montanale de l'urèthre dans un état d'intégrité parfait; jamais l'orifice interne du canal ne nous a présenté la moindre déchirure, même aux dépens de la membrane muqueuse.

De cette première série d'expériences on peut conclure qu'en introduisant méthodiquement notre dilatateur par la région membraneuse de l'urèthre, on doit arriver à ouvrir le col de la vessie, de manière à donner à cet orifice un diamètre de 2 centimètres environ, si l'on fait intervenir l'élasticité des tissus. Dans tous les cas, il faut compter sur une fissure de la région membraneuse de l'urèthre et d'une partie de la portion prostatique de ce même canal, la muqueuse qui avoisine l'orifice de la vessie demeurant constamment intacte.

Dans une autre série d'expériences, nous avons voulu savoir ce que deviendraient les organes si on les soumettait à une dilatation plus considérable. Dans ce qui va suivre, on remarquera que les résultats obtenus rappellent exactement ceux qui ont été si bien décrits dans le travail de Le Dran.

Le dilatateur n° 2, c'est-à-dire le plus volumineux, étant substitué à l'instrument n° 1, nous avons tenté une dilatation plus grande du col de la vessie, mais bientôt une résistance considérable vint mettre obstacle à la manœuvre, et il a fallu employer la violence pour arriver à faire cheminer le pas de vis du dilatateur. Dans toutes les expériences, il a été évident qu'à un moment donné la constriction cessait brusquement, et que le dilatateur, à peine développé de 3 centimètres en diamètre, pouvait alors atteindre sa limite de 40 millimètres. Quant aux lésions organiques produites par cette distension exagérée, elles ont présenté un caractère identique : déchirure de la prostate avec des prolongements variables du côté du corps de la vessie ; constamment l'orifice interne de l'urèthre nous a offert une surface mâchée et irrégulière. La principale déchirure se trouvait néanmoins toujours à la partie inférieure, et dans un cas elle se prolongeait jusque vers l'uretère gauche.

Nous concluons de ces faits, qu'il faut déchirer et désorganiser complétement la portion prostatique elle-même ainsi que le bourrelet circulaire qui entoure l'orifice interne de l'urèthre, pour qu'un calcul de 3 centimètres puisse sortir par le périnée.

Comme il était bien démontré que l'incision de la région membraneuse mettait obstacle à la dilatation du col de la vessie, par suite de la prolongation de la plaie sous forme de rupture, nous avons cru qu'il serait bon, pour déterminer plus exactement la dilatabilité du col vésical, de procéder d'arrière en avant, c'est-à-dire de la vessie vers l'urèthre demeuré intact.

Le dilatàteur n° 1 introduit par l'orifice interne a pu parvenir, sans efforts, jusqu'au niveau du bulbe; procédant alors à la dilatation, nous sommes arrivés à développer complétement l'instrument, c'est-à-dire à donner au col vésical un diamètre de 2 centimètres environ. Cette dilatation a pu être obtenue sans lésions appréciables, mais il est bon d'ajouter que les tissus résistaient fortement, et que, par suite, l'instrument était sans cesse sollicité dans une direction rétrograde.

Pour compléter l'expérience précédente, nous avions substitué le gros dilatateur au petit; mais il fut complétement impossible de développer l'instrument, celui-ci abandonnait continuellement l'urèthre pour retomber dans la vessie. Dans un cas cependant où le dilatateur fut maintenu de force, nous avons provoqué une déchirure immédiate de la prostate.

On est autorisé à conclure de l'ensemble de nos recherches que, dans l'état normal, on peut obtenir pour le col de la vessie une ouverture de 20 millimètres, mais qu'au delà de ces limites la dilatation s'accompagne de lésions dont l'étendue varie avec le volume de l'instrument. On peut supposer avec raison que, chez l'homme vivant, les tissus présenteront peut-être un peu plus d'élasticité; on doit aussi admettre que les résultats varieront suivant les âges, les individus et quelques conditions spéciales, mais il est prudent de rester dans les limites qui nous sont tracées par l'expérimentation cadavérique. Un orifice de 2 centimètres de diamètre sera toujours suffisant pour laisser pénétrer des lithoclastes puissants.

Le professeur Sappey s'est occupé incidemment de la dilatabilité du col de la vessie ; on peut, dit-il, en dilatant le canal de la prostate, le porter sur le cadavre, à 10, 12 et même 15 millimètres de diamètre. Au delà de cette dernière limite on produit une déchirure qui débute par le sphincter de la vessie pour s'étendre ensuite plus ou moins loin. M. Sappey ajoute même que sur le vivant il lui paraîtrait imprudent de porter la dilatation au delà de 12 millimètres.

Le savant anatomiste n'a pas suffisamment indiqué dans quelles conditions il s'est placé pour établir ses évaluations ; il m'est ainsi assez difficile d'apprécier au point de vue clinique les résultats auxquels il est parvenu, d'autant plus que l'auteur semble s'être occupé seulement de la dilatation brusque.

A ce qui précède, sur la dilatabilité du col de la vessie, j'ajouterai quelques réflexions qui me sont suggérées et par les opérations que j'ai faites sur le vivant et par celles que j'ai simulées sur le cadavre.

Sur le vivant on constate qu'il y a au niveau du col un élément contractile indépendant de l'élément

purement élastique. Dans mes opérations j'ai bien des
fois observé que le col ne conservait pas toute la dilatation que venait de lui imposer le dilatateur. Sur le
cadavre on observe également un retrait consécutif à
la dilatation, toutefois ce retrait est bien moindre que
sur le vivant, ce qui prouve évidemment que l'élasticité joue un grand rôle dans les tissus qui environnent
l'orifice uréthro-vésical.

Sur le cadavre on introduit le doigt indicateur dans
toute l'étendue du col chirurgical de la vessie, c'est-
à-dire jusqu'au collet du bulbe, sans qu'il en résulte
la moindre déchirure; cela suppose qu'on procède
de la vessie vers l'urèthre. Si, au contraire, on introduit le doigt dans la vessie par le trajet d'une
taille membraneuse, voici ce qui se produit : l'incision faite à l'urèthre par le bistouri se prolonge sous
la forme d'une déchirure qui intéresse, le plus
souvent, l'orifice uréthro-vésical.

Les chirurgiens qui, sur le vivant, introduisent leur
doigt dans la vessie, après l'incision de la région membraneuse, peuvent être certains qu'ils opèrent une
véritable déchirure du col. Je suis tellement convaincu
de ce fait que je me suis posé comme règle de ne
jamais porter le doigt dans la vessie pendant l'opération de la lithotritie périnéale. Legouest, assistant un
jour à l'une de mes opérations, voulut s'assurer par le
toucher de l'état du trajet formé par le dilatateur, et

il déclara qu'il ne pouvait pénétrer jusque dans la vessie ; cependant, sur ce même malade, la petite tenette entrait et sortait constamment ramenant de nombreux fragments calculeux, si bien que finalement le malade se trouva débarrassé d'une énorme pierre.

L'anatomie et la physiologie expérimentale démontrant que le col de la vessie est un organe à la fois élastique et contractile, on est autorisé à conclure que la dilatation lente est seule rationnelle ; l'ouverture brusque du col ne pourrait amener qu'une déchirure. La dilatation lente du col de la vessie répond si bien à la structure de cet organe, que l'on serait tenté de revenir à l'opération de la pierre en deux temps, comme l'exécutait Fr. Colot et comme l'ont faite depuis Guérin (de Bordeaux) et bien d'autres. Pour ma part, je recommanderais cette pratique si je ne savais par expérience combien est grand le soulagement qui succède à l'extraction d'une pierre faite séance tenante, et combien serait également redoutable le séjour prolongé d'un corps dilatant placé dans le col de la vessie. L'opération en deux temps doit être rejetée ; à peine pourrait-on la conseiller pour les cas où la vessie a perdu sa contractilité.

Pour obtenir, séance tenante, la dilatation du col de la vessie, on doit agir lentement, régulièrement ; il faut se servir d'un instrument qui remplisse toutes les conditions que j'ai déjà indiquées plus haut.

Nous avons en effet signalé les conditions que devait réunir cet instrument; les deux figures ci-contre

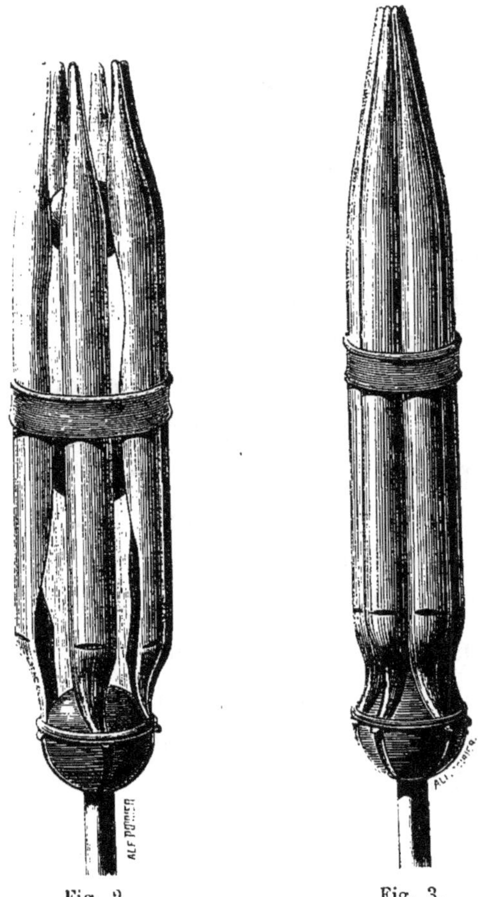

Fig. 2.   Fig. 3.

permettront d'en bien comprendre la configuration.

Notre dilatateur se compose de six branches uniformes et disposées parallèlement, se réunissant vers leur extrémité libre de manière à constituer un cône très-allongé. Au centre de ces diverses branches se trouve une tige munie de deux renflements ; au moyen d'un pas de vis on fait avancer la tige centrale, et les boules qu'elle supporte font diverger les branches du dilatateur. Un système de charnières disposé vers l'articulation des branches assure une dilatation parallèle et régulière. L'examen de cet instrument vaudra mieux qu'une description plus détaillée ; les figures 2 et 3 montrent les parties importantes du dilatateur dessinées grandeur naturelle.

On a accusé mon dilatateur de différents méfaits dont il n'est pas coupable ; c'est à tort, si j'en juge du moins par ma pratique de trente opérations et par un grand nombre d'essais sur le cadavre.

On a par exemple émis la crainte que l'une des branches pourrait bien se ficher dans les tissus par sa pointe et produire ainsi une lésion, en même temps que cela nuirait à la régularité de la dilatation.

Je n'ai jamais remarqué rien de semblable, je n'ai même pas observé de difficulté notable dans l'introduction du dilatateur. Les six branches dont se compose l'instrument forment un tout bien plus uni qu'on ne l'a supposé ; aussi ai-je renoncé à revêtir le dilatateur d'une gaîne complète de caoutchouc, ainsi que je l'avais proposé dans l'origine.

Le dilatateur du col de la vessie laisse encore à

désirer, l'effort de ses branches porte sur des points trop circonscrits du sphincter, aussi la dilatation de l'orifice n'est-elle pas absolument uniforme, et l'on doit toujours craindre une rupture au niveau du point le plus faible de la région.

Il y a déjà plusieurs années, Mathieu, fabricant d'instruments de chirurgie, a, sur ma demande, imaginé un nouvel instrument (fig. 4). Ce dilatateur est très-ingénieux, son volume m'a paru peut-être trop considérable ; là, du reste, n'est point la difficulté, mais il y a d'autres objections à formuler.

Les huit branches qui composent le dilatateur de Mathieu sont des ressorts, il en résulte que l'instrument est pénible à développer ; on n'obtient pas une dilatation cylindrique, et je craindrais que ces petites lames, un peu tranchantes, ne pénétrassent dans l'épaisseur de la muqueuse. On sait qu'il n'est point rare d'observer, chez les calculeux, un état fongueux avec ramollissement de la muqueuse du col de la vessie.

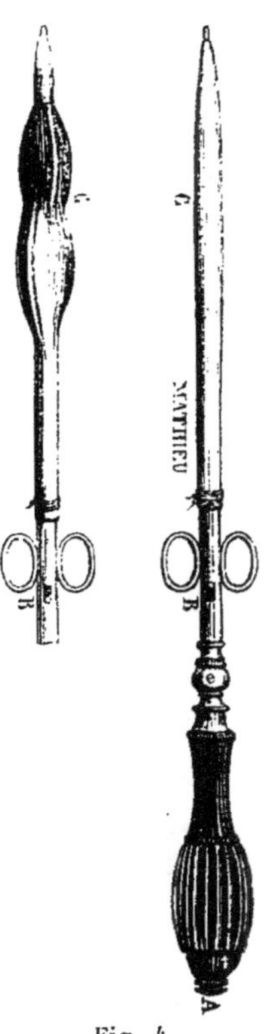

Fig. 4.

Je pense qu'on arrivera à rendre plus parfaite encore la dilatation du col de la vessie en modifiant les instruments; tel qu'il est, le dilatateur qui a été fait sur mes indications par Jules Charrière, permet d'opérer avec une sécurité et une facilité bien suffisantes.

Il y a quelques semaines, Collin vient de perfectionner un peu le dilatateur dont je me sers depuis dix ans. La tige centrale se termine par une sorte de petit capuchon (B) qui recouvre l'extrémité des six valves de l'instrument. Ce petit cône permet de rencontrer plus facilement la rainure du cathéter; il suffit d'une légère pression pour faire rentrer l'embout; aussi la dilatation peut-elle s'opérer aussi profondément que cela est nécessaire pour obtenir la déchirure linéaire de la paroi inférieure de la région membraneuse de l'urèthre. La figure ci-contre suffit à faire comprendre en quoi consiste la modification imaginée par Collin pour faciliter l'introduction du dilatateur (fig. 5).

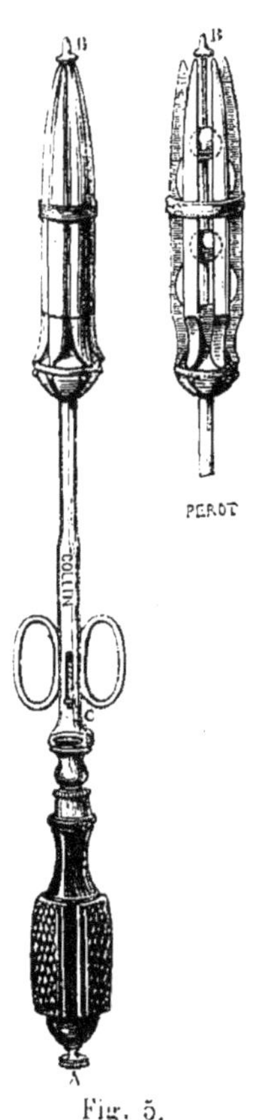

Fig. 5.

MANUEL OPÉRATOIRE

DE LA LITHOTRITIE PÉRINÉALE

L'opération de la lithotritie périnéale comprend trois temps principaux :

1° L'ouverture de la vessie ;

2° La fragmentation de la pierre ou lithoclastie ;

3° L'extraction des fragments et des débris calculeux.

Cliniquement, il faut ajouter la préparation à l'opération et les soins consécutifs qu'il faut donner aux malades.

L'opération de la lithotritie périnéale, comme toutes les tentatives chirurgicales, comporte certaines précautions dont l'ensemble constitue la préparation du malade. Je réduis, pour ma part, cette préparation à quelques soins des plus simples. Le malade prend un bain deux ou trois jours avant l'époque fixée : puis, la veille de l'opération, on lui administre une légère purgation, 12 à 15 grammes d'huile de ricin, par exemple. Enfin, les heures qui précèdent l'opération elle-même sont employées à l'administration d'un ou de plusieurs lavements émollients, de façon à assurer l'évacuation complète de l'intestin.

On permet un bouillon ou une tasse de lait, au plus tard, trois heures avant le moment où le chloroforme sera administré.

L'opération devant être longue, il faut avoir à sa disposition une bonne dose de chloroforme ; j'en demande toujours 200 grammes, mais, ordinairement, les deux tiers de cette dose ne sont point utilisés.

Cinq aides sont nécessaires pour pratiquer l'opération de la lithotritie périnéale.

Le premier administre le chloroforme suivant les règles.

Deux aides servent à maintenir le malade dans la position spéciale, sans pour cela lui infliger le supplice de la ligature des quatre membres.

Le quatrième assistant, le plus habitué de tous les aides, est chargé de fixer le cathéter pendant toute la durée de l'opération.

Un dernier aide assiste directement le chirurgien, il pourvoit à tous les besoins imprévus.

Le chirurgien doit avoir à sa disposition plusieurs paires de drap, des compresses, de la charpie, des éponges et de nombreux bassins avec de l'eau froide et de l'eau chaude.

Voici la nomenclature des divers instruments qu'il

faut toujours réunir lorsqu'on veut pratiquer la lithotritie périnéale :

1° Des cathéters de grosseur variée ;

2° Une sonde d'argent à courbure brusque ;

3° Un bistouri triangulaire à dos fort ;

4° Un dilatateur à six branches ;

5° Divers casse-pierre ;

6° De petites tenettes droites et courbes ;

7° Une curette ;

8° Une bonne seringue à anneaux munie d'une
sonde de gomme.

On doit avoir en plus à sa disposition, pour les cas
où l'opération rencontrerait des difficultés imprévues :

1° Un bistouri long boutonné ;

2° Un lithotome double et un lithotome simple ;

3° Un gorgeret ;

4° De fortes tenettes ;

5° Une canule à chemise.

POSITION DE L'OPÉRÉ.

Je place les opérés dans des conditions de situation
analogues à celles qui sont généralement recomman-
dées pour l'opération de la taille.

Une forte table à quatre pieds, sans roulettes, ou
bien encore un bureau ou une commode et, par-dessus,
un simple matelas replié à son extrémité, le tout recou-
vert d'un drap ; tel est le lit opératoire que l'on peut

toujours constituer facilement dans toutes les habitations de la ville.

Le malade repose sur le lit, de telle façon que le périnée déborde légèrement les limites de la table. Dans cette situation, les membres inférieurs, absolument libres, sont soutenus par deux aides vigoureux. (J'ai renoncé à toute espèce de ligatures ayant pour but de maintenir les membres du patient.)

Les cuisses devront être dans l'abduction moyenne, fléchies à angle droit sur le bassin ; une flexion plus extrême aurait pour inconvénient de faire basculer le bassin et par suite de porter le périnée beaucoup trop en avant et en haut.

Chacun des aides maintient le malade dans cette position qui demeure fixe autant que possible. Les assistants doivent s'efforcer de donner à chaque membre inférieur une situation symétrique. Il faut leur recommander de prendre à pleines mains la plante du pied, pendant que l'autre main, restée libre, maintient le genou par son côté interne, de manière à s'opposer à toute adduction du membre abdominal.

Quand le malade est placé ainsi que nous venons de le dire, on peut, le plus souvent, introduire le cathéter jusque dans la vessie. Si l'on éprouvait quelque difficulté dans le cathétérisme, il suffirait, pour y remédier, de défléchir momentanément les cuisses, afin de rendre au bassin une situation plus normale.

Voici comment je procède habituellement : je laisse le malade allongé sur son lit et j'administre moi-même le chloroforme, ce qui inspire toujours une certaine confiance au patient. Lorsque le sommeil commence à venir, j'abandonne la compresse à mon aide et, pendant que l'anesthésie se complète, je fais placer le malade dans la situation opératoire.

L'introduction du cathéter doit se faire très-lentement, en tenant compte de la position du bassin dont le détroit inférieur regarde plus en avant qu'il ne le fait dans le décubitus allongé, c'est-à-dire lorsqu'on sonde un homme couché.

Je recommande le cathéter à grande courbure dont la cannelure doit être aussi large que possible ; j'imite, en cela, la pratique de Dupuytren. Chacun sait que l'illustre chirurgien a décrit, dans son *Mémoire sur la taille*, un cathéter spécial qu'il recommande d'employer. L'importance d'une cannelure large et profonde n'a point échappé à Bouisson, lorsqu'il dit, page 276 de son Mémoire : « Les différences qui caractérisent notre procédé portent surtout sur l'adoption d'un cathéter à large cannelure. »

Lorsqu'on pratique la lithotritie périnéale, l'aide auquel on confie le cathéter assume une grande part de responsabilité ; il faut qu'il maintienne l'instrument d'une manière immobile, mais sans violence, dans la position qui aura été déterminée par le chirurgien.

Cet aide occupera la gauche du malade, il doit fixer solidement le cathéter de la main droite, en même temps que de la main gauche il relève légèrement les bourses; il faut éviter de déplacer en avant et par tiraillement la peau du périnée.

Le cathéter doit être maintenu sur la ligne médiane, sa tige étant perpendiculaire à l'axe du corps. L'aide tient le cathéter immobile, il a soin de déprimer la face inférieure de l'urèthre pour rendre celle-ci plus accessible au doigt de l'opérateur.

Il faut bien surveiller l'aide qui tient le cathéter, car il a souvent de la tendance à diriger la tige presque parallèlement à la paroi abdominale; c'est pour mieux refouler l'urèthre en bas, et il est vrai de dire que l'instrument est ainsi mieux senti au périnée. Si la faute que je signale venait à être commise, il serait à craindre que le bec du cathéter ne sortît de la vessie, ce qui pourrait, par la suite, égarer les instruments qui doivent être conduits sur la rainure du cathéter jusque dans le réservoir de l'urine.

Tout est alors disposé pour exécuter convenablement le premier temps de l'opération. Avant cependant d'y procéder, il faut, pour éviter toute erreur et par convenance pour les assistants, faire constater par l'un d'eux que le cathéter est en contact avec le calcul. Tout récemment encore, j'ai vu un opérateur peu habitué exécuter toutes les manœuvres du premier

temps en prenant pour guide un instrument qui n'é-
tait point dans la vessie. On eût évité bien des contre-
temps si l'on avait pris la petite précaution que je
viens de recommander.

Premier temps de la lithotritie périnéale.

OUVERTURE DE LA VESSIE.

Pour exécuter le premier temps de la lithotritie
périnéale, on fait immédiatement en avant de l'anus
une incision restreinte, médiane, antéro-postérieure.
L'incision a pour but l'ouverture de l'urèthre en
arrière du bulbe, et consécutivement l'introduction
du dilatateur, qui seul doit creuser la voie destinée à
réunir la cavité vésicale avec l'extérieur, au travers du
col de la vessie demeuré intact.

L'incision a 2 centimètres maximum d'étendue,
elle intéresse la peau et le tissu cellulaire sous-cutané ;
elle commence à la muqueuse du pourtour de l'anus
et se dirige en avant, suivant exactement le raphé
périnéal (fig. 6). Il faut avoir un instrument dont la
pointe et le tranchant soient irréprochables, car on
pratique cette incision sur des téguments qu'il est difficile de bien tendre avec les doigts, d'autant plus qu'il
est indispensable de ne pas déplacer la peau dans la
crainte de changer les rapports entre les tissus super-
ficiels et les couches profondes du périnée. Ai-je be-

soin de dire, qu'au préalable, la région ano-périnéale
a été exactement débarrassée par le rasoir des nombreux poils qu'on y rencontre.

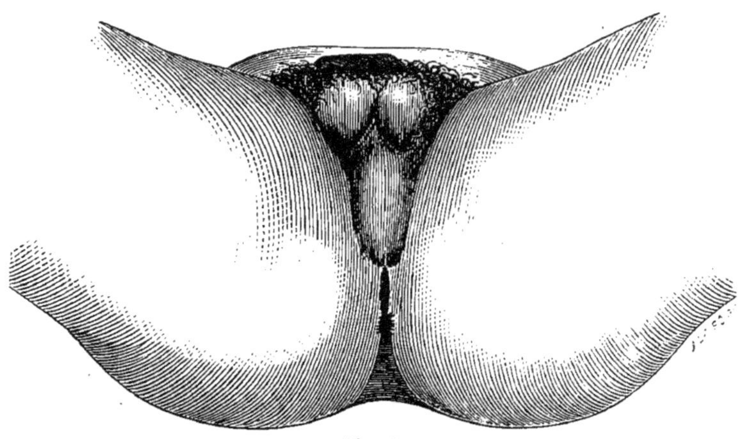

Fig. 6.

La peau étant incisée, il faut ouvrir avec le bistouri
l'aponévrose qui ferme en bas le périnée. Cette nouvelle incision étant faite, le chirurgien peut avec le
doigt indicateur gauche refouler les tissus, et il arrive
facilement à engager le bord droit de la cannelure du
cathéter dans l'intervalle qui sépare l'ongle de la pulpe
digitale. C'est surtout dans l'angle postérieur de la
plaie, c'est-à-dire le plus en arrière possible, au devant
du rectum, qu'il faut refouler les tissus du périnée
pour aller à la recherche de l'urèthre.

Quelques chirurgiens ont pensé qu'aborder l'urèthre dans le voisinage de l'anus et du rectum, c'était
en définitive inciser le canal dans sa portion la moins

facilement accessible. Il y a dans cette manière de voir, je le crois du moins, une erreur qui a sa cause dans une notion anatomique mal interprétée.

Il est bien vrai que depuis la prostate, où les voies urinaires sont contiguës à l'intestin, il est bien vrai, dis-je, que le rectum se porte en arrière tandis que l'urèthre se porte en avant pour passer sous la symphyse pubienne ; mais si l'urèthre et l'intestin interceptent par leur direction un triangle virtuel dont la base regarde le périnée, il est inexact de croire que relativement au périnée, plus on se rapproche de l'anus, plus l'épaisseur des parties molles qui séparent l'opérateur de l'urèthre est considérable ; c'est tout le contraire. Si, en effet, l'urèthre se dirige en avant vers le pubis, il se porte en même temps en haut, d'où il résulte que la portion la plus accessible de l'urèthre, toujours au point de vue opératoire, n'est point en avant, mais bien en arrière, au voisinage de l'anus et du rectum.

Comme les anciens le disaient fort bien, c'est la portion la plus basse de l'urèthre qu'il faut intéresser dans le grand appareil ; or cette portion la plus basse, c'est-à-dire la plus rapprochée de la peau du périnée, c'est la partie membraneuse du canal, celle qui est plus ou moins contiguë à la face antérieure de l'intestin. La voie prérectale est à la fois la plus sûre et la plus directe pour ouvrir la portion membraneuse de l'urèthre sans blesser ni le bulbe ni les vaisseaux importants du périnée.

Lorsque, avec son doigt introduit profondément, le chirurgien est arrivé à percevoir la cannelure du cathéter, il fait sur son ongle, comme conducteur, une ponction de l'urèthre qu'on peut estimer à 5 ou 6 millimètres d'étendue.

Cette ponction de l'urèthre une fois faite et sans quitter le cathéter qu'il tient avec son ongle, le chirurgien substitue à la pointe du bistouri l'extrémité du dilatateur. Cette petite manœuvre demande un peu de précaution et l'on arrive bientôt par la sensation du contact métallique à constater que les deux instruments sont dans un rapport immédiat.

Le moment n'est cependant pas encore venu d'introduire le dilatateur jusque dans la vessie; il faut avant cela transformer la ponction qui a intéressé toute l'épaisseur du périnée depuis la peau jusqu'à l'urèthre, en un canal permettant l'introduction du doigt. La formation de ce canal se fait surtout par refoulement des tissus, mais elle entraîne une légère déchirure de l'urèthre. J'ai du reste démontré ailleurs que cette déchirure se réduisait et cela toujours uniformément de la même manière, à une prolongation de l'incision de l'urèthre depuis le point ponctionné jusqu'au sommet de la prostate exclusivement.

Il résulte de ce qui précède qu'il y a dans l'ouverture de la vessie un premier temps qui consiste à faire la voie, depuis la peau jusqu'à l'urèthre (fig. 7). Pour bien exécuter cette manœuvre, il faut procéder de la manière suivante : Lorsque l'extrémité mousse du

Fig. 7.

dilatateur a été placée dans la rainure du cathéter, on doit maintenir l'instrument fixe et dans une direction perpendiculaire au plan du périnée, puis pour éviter qu'il ne dévie pendant qu'on dilatera le trajet, il faut toujours presser fortement sur le cathéter. Il est indispensable que le cathéter soit fixé exactement; l'instrument sert de point d'appui, et l'aide doit résister constamment à l'effort provenant de la dilatation.

L'instrument doit être développé lentement, quoique dans ce premier temps la dilatation rencontre peu d'obstacles; les tissus ne résistent pas et la formation du trajet est obtenue presque aussitôt.

Le premier temps exécuté, on ferme le dilatateur pour procéder au deuxième temps.

On pourrait, dans la plupart des cas, introduire le dilatateur jusque dans la vessie en substituant celui-ci au cathéter par une manœuvre semblable à celle qui s'exécute pendant la taille, pour faire pénétrer le lithotome jusque dans le réservoir urinaire.

Au lieu de cette introduction rapide, je préfère pour plus de sécurité exécuter ce que j'appelle le deuxième temps de la dilatation périnéale; j'entends par là une seconde manœuvre dont le résultat est de rendre plus parfaite la formation du canal artificiel, en même temps qu'elle assure la déchirure méthodique de l'urèthre jusqu'à la pointe de la prostate exclusivement.

Voici en quoi consiste le deuxième temps : Le chirurgien, tout en maintenant de la main droite le dilatateur fixe et bien au contact du cathéter dont il occupe la rainure, le chirurgien, dis-je, prend la plaque du cathéter de la main gauche et abaisse cet instrument de telle façon que la tige, de perpen-

diculaire qu'elle était, par rapport à la paroi abdominale, ne forme plus un angle droit, mais bien un
angle plus ouvert, de 130 à 140 degrés environ
(fig. 8).

Fig. 8. .

Le mouvement d'abaissement du cathéter a pour
résultat de porter la pointe du dilatateur plus près
du col de la vessie. En effet, le conducteur pénétrant
davantage dans le réservoir de l'urine, le dilatateur
ne quittant pas la cannelure, la pointe de ce dernier

doit nécessairement se rapprocher de l'orifice vésical.

Dans cette nouvelle situation des instruments on dilate de nouveau le trajet périnéal et l'on parfait, comme je l'ai déjà dit, la dilatation effectuée dans le premier temps.

Lorsque ce deuxième temps est exécuté on referme le dilatateur, et c'est alors qu'on introduit celui-ci jusque dans la vessie en même temps qu'on extrait définitivement le cathéter. La dilatation périnéale est terminée, la dilatation du col va commencer; c'est le troisième temps.

Avant d'aller plus loin, je ne saurais trop insister sur cette circonstance : il ne faut pas, après avoir ponctionné l'urèthre, essayer de faire pénétrer le dilatateur jusque dans la vessie. Cette introduction ne doit être tentée que lorsque la voie périnéale a été bien établie par le refoulement successif des tissus. Il faut faire agir deux et même trois fois le dilatateur en modifiant l'inclinaison pour bien constituer le trajet périnéal. C'est faute d'avoir bien compris les choses, si plusieurs chirurgiens ont pu avec raison déclarer que l'introduction du dilatateur était un temps difficile, sinon impossible de l'opération.

J'ai connaissance d'une opération dans laquelle le chirurgien incisa l'urèthre au moyen de l'instrument de Frère Côme, et cela pour faciliter l'introduction de mon dilatateur qu'il n'avait pu faire pénétrer dans la vessie.

Dans ce cas, c'était la dilatation du col succédant à la taille médiane membraneuse avec le lithotome, c'est-à-dire quelque chose de tout différent de l'opération que je recommande.

Je reviens au troisième temps, à la dilatation du col de la vessie. J'ai déjà précisé ailleurs l'étendue qu'on peut donner à la dilatation du col vésical, j'ai surtout insisté sur les difficultés que présentait cette dilatation à cause même de l'incision médiane de l'urèthre. Toute violence dans la dilatation du col exposerait nécessairement à transformer l'incision membraneuse en une déchirure qui se prolongerait vers la vessie, à travers le col de la vessie déchiré lui-même.

Il faut procéder très-lentement, et à l'introduction du dilatateur et à l'ouverture de cet instrument. Souvent on ne peut engager dans le col que le sommet du cône représenté par mon instrument. on devra se garder de pousser brusquement. Pour réussir, il suffit de dilater lentement, puis lorsque l'instrument sera développé à moitié on le refermera et alors on pourra très-aisément l'introduire jusque dans la vessie. On reprend ensuite et très-lentement la dilatation du col, en ayant soin de s'arrêter chaque fois qu'on éprouve une trop grande résistance; puis, lorsque le développement de l'instrument est complet, on extrait lentement le dilatateur dont les six branhes sont demeurées écartées (fig. 9).

Je viens de dire qu'il fallait dilater très-lentement, j'aurais dû dire qu'on doit procéder suivant la résistance qu'on éprouve. Chez certains opérés, la dilatation se fait sans résistance notable, et la manœuvre s'exécute vite; chez d'autres, l'instrument est très-serré, et c'est avec les plus grands ménagements qu'on doit en écarter les branches.

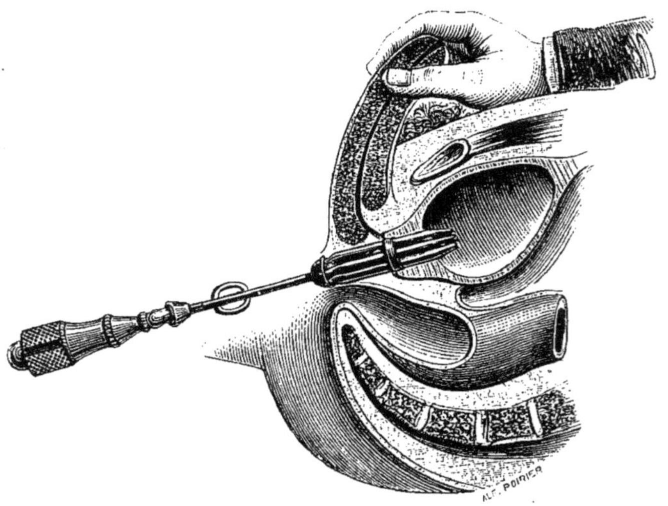

Fig. 9.

Pendant toute cette manœuvre le dilatateur touche fréquemment la pierre; cette sensation est du reste bonne à rechercher, elle confirme le chirurgien dans la régularité de ses manœuvres; il est important de savoir qu'une fausse route n'a pas conduit le dilatateur dans la profondeur du bassin, comme cela est arrivé pour le lithotome dans certaines opérations malheureuses de taille périnéale.

Lorsque la dilatation du col de la vessie est terminée, avant de procéder au broiement du calcul, j'ai l'habitude d'introduire la petite tenette droite jusque dans le réservoir urinaire. Avec cet instrument peu volumineux on s'assure que la voie est libre ; on peut saisir les calculs de grosseur moyenne, on peut même se renseigner sur la dureté de la pierre. Dans certains cas, j'ai pu saisir la pierre et l'extraire sans fragmentation (voy. obs. V et XVIII). Ce qui prouve en passant que je supprime la lithoclastie pour les pierres de 1 à 2 centimètres de diamètre. Dans d'autres cas, j'ai pu morceler des pierres assez volumineuses, composées de phosphates terreux très-friables (voy. obs. II, III et IV).

Le plus souvent, avec les petites tenettes on constate que la pierre est grosse, on ne peut la saisir ; on s'assure qu'elle est très-dure, impossible d'écorner le calcul avec ces faibles pinces. Il faut, dans ces cas qui sont les plus nombreux, procéder à la lithoclastie.

Deuxième temps de la lithotritie périnéale.

LITHOCLASTIE.

L'opération que je préconise a pour base essentielle et principale la proposition suivante : le grand danger dans les opérations de taille périnéale, c'est l'extraction d'un calcul trop volumineux eu égard aux dimensions restreintes du col de la vessie. La sécurité réside dans la fragmentation de la pierre ; de cette façon on proportionne le corps qu'il faut extraire au canal par lequel il doit passer.

En principe donc il faut fragmenter les pierres, car c'est par exception que les calculs de moins de 2 centimètres échappent aux manœuvres de la lithotritie par les voies naturelles.

La fragmentation de la pierre a été acceptée théoriquement par les nombreux chirurgiens qui pratiquent encore aujourd'hui la taille ; toutefois ils réservent la lithoclastie exclusivement pour les cas de pierre très-volumineuse. Pour le plus grand nombre des opérateurs, la lithoclastie n'intervient que lorsque les efforts de traction n'ont pas permis de sortir la pierre au travers d'un col déjà débridé dans plusieurs directions.

Malgré bien des voix autorisées, les chirurgiens persistent encore dans cette idée, funeste suivant moi, d'extraire à leur plus grande gloire d'opérateurs une grosse pierre au travers d'un canal toujours incapable de la laisser passer.

On doit redouter les distensions extrêmes, elles s'accompagnent fréquemment de déchirures plus ou moins profondes. Rien n'est brillant comme cette manœuvre hardie qui permet de sortir rapidement et d'un seul coup un calcul saisi entre les branches d'une grosse tenette ; aussi je conçois qu'on abandonne difficilement cette pratique pour celle bien autrement laborieuse et peu séduisante de l'extraction successive de nombreux fragments.

Je viens d'indiquer ici une des raisons pour lesquelles la lithoclastie a rencontré jusqu'ici peu de partisans, mais il existe une autre cause bien plus sérieuse de la défaveur dans laquelle se trouve encore une manœuvre d'ailleurs si utile.

Ceux qui ont essayé de broyer les pierres par le périnée ont tous été frappés des difficultés que rencontre cette petite opération, bien simple en apparence. Les obstacles sont si réels pour ceux qui en ont l'expérience, que bien des fois j'ai, pour ma part, soupçonné des chirurgiens qui acceptaient en principe la lithoclastie pour les très-grosses pierres, de parler de cette opération plutôt théoriquement, et comme des personnes qui ne l'avaient jamais exécutée.

La lithoclastie par une plaie périnéale, qu'il s'agisse de la taille ou à plus forte raison de mon opération, qu'il faille broyer la pierre au travers d'un col incisé ou d'un col seulement dilaté, la lithoclastie par le périnée, dis-je, est une manœuvre difficile par elle-même ; elle est laborieuse, surtout à cause de l'insuffisance des instruments qui sont à la disposition des chirurgiens.

La lithoclastie est une question très-difficile, d'une

grande importance : la solution de ce problème intéresse l'avenir et de la taille et de la lithotritie périnéale.

La lithoclastie périnéale est tout entière à faire; je dirai ici ce que j'en sais, d'après mes expérimentations multipliées sur le cadavre, et surtout d'après ma pratique.

Voyons, d'abord, en quoi consiste l'arsenal dont dispose la chirurgie.

Nous l'avons déjà dit, les anciens lithotomistes depuis Ammonius, ont plus ou moins poursuivi l'idée de fragmenter la pierre dans la vessie, comme un bon moyen de faciliter l'opération de la taille. Quelques-uns ont rejeté absolument cette pratique, le plus grand nombre ne l'a acceptée que comme une sorte de pis-aller dans les cas de pierres extrêmement volumineuses. Toujours est-il que nous rencontrons, dans l'arsenal ancien, des instruments qui étaient destinés à fragmenter les calculs de la vessie en passant par la plaie de la taille.

Celse a nettement conseillé le morcellement des pierres, mais nous ne connaissons pas l'instrument dont on se servait au temps du lithotomiste Ammonius.

Jean des Romains et son élève Marianus blâment la lithoclastie, quoique cette manœuvre fît partie du grand appareil.

Si l'on en juge d'après la réprobation formulée par

ces deux maîtres, l'instrument dont on se servait alors devait être bien grossier, puisqu'ils considèrent son application comme « périlleuse et pour le patient et pour le maître ».

Franco, qui a beaucoup emprunté à Marianus, donne dans son ouvrage la figure d'un instrument incisif pour couper la pierre (fig. 10). Le célèbre chirurgien semble avoir oublié le frangens de Marianus, et il s'attribue à tort l'idée du morcellement de la pierre quand celle-ci est trop grosse pour être tirée; il n'y a réellement de nouveau que les tenailles incisives proposées par Franco. Cet instrument est du reste incapable d'inspirer la terreur qu'éprouvaient les divers opérateurs rien qu'à l'idée du brise-pierre que Marianus leur avait signalé comme si redoutable.

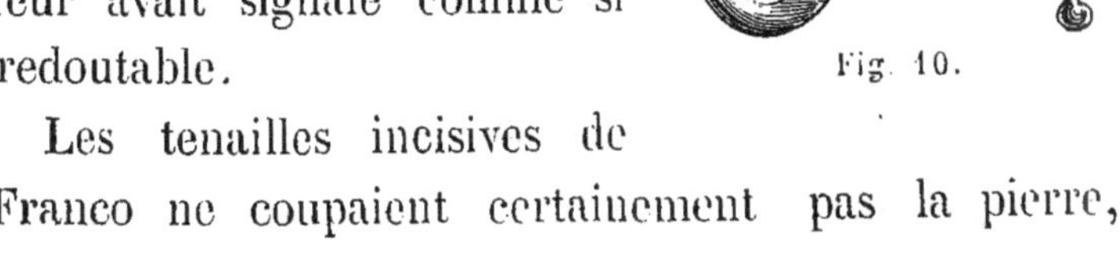

Fig. 10.

Les tenailles incisives de Franco ne coupaient certainement pas la pierre, elles la cassaient. Deschamps a comparé ces tenailles à celles qu'on retrouve dans certaines professions industrielles, et il a fait suivre son examen d'une remarque très-judicieuse. Suivant lui, l'instrument de Franco serait très-défectueux, parce que les branches se croisent doublement et surtout parce que le clou ou point d'appui est très-éloigné de la résistance; circonstance qui rendrait la cisaille beaucoup moins puissante qu'on ne pourrait le supposer au premier abord.

Nous ignorons aujourd'hui quelles pouvaient être exactement les dimensions de la taille incisive de Franco. Si l'on en juge d'après la planche du temps que nous reproduisons, le volume de cet instrument se rapprocherait de celui des plus volumineuses tenettes; aussi peut-on légitimement admettre qu'il fallait une très-large incision du col pour introduire ce brise-pierre jusque dans la vessie.

Je ne connais pas, pour ma part, d'observation capable de démontrer que l'auteur, ou ses contemporains, se seraient jamais servis de la tenaille incisive.

Franco avait imaginé son instrument en vue d'éviter la taille au-dessus du pubis, si l'incision périnéale devenait insuffisante pour sortir une grosse pierre. La lithoclastie était donc réservée aux cas exceptionnels, et il suffit de lire Franco pour demeurer convaincu que la fragmentation de la pierre était considérée par lui comme une ressource bien précaire.

Ambroise Paré s'est occupé de la lithoclastie faite par le périnée, plutôt comme un historien que comme un véritable lithotomiste. Dans les diverses éditions de son livre, il a figuré comme casse-pierre une grande tenette sans anneaux dont les branches se rapprochent au moyen d'une vis de rappel. Outre cette vis qui sert à comprimer la pierre. on remarque à la face interne de chaque cuillère du forceps de gros clous aigus, disposés d'une manière alterne et au nombre de quatre ou de cinq. Ces clous sont vissés dans l'épaisseur de la cuillère, ils doivent pénétrer le calcul

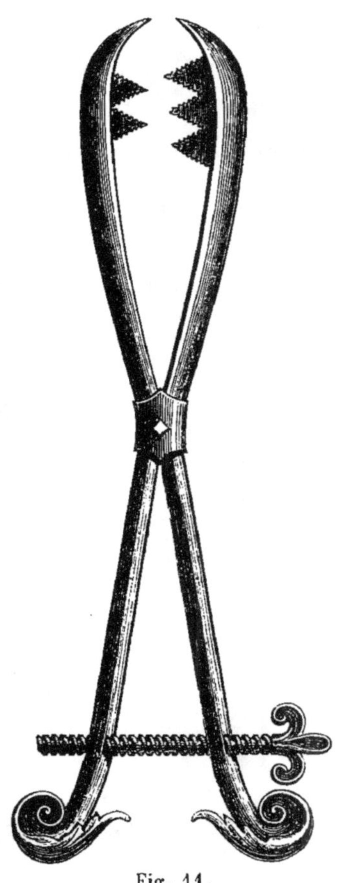

Fig. 11.

par pression et en favoriser l'éclatement (fig. 11).

On trouve encore dans Ambroise Paré une figure qui représente la pierre saisie entre les branches d'une tenette à anneaux, dite bec-de-canne et assujettie par ce que l'on appelait les ailerons. Ces derniers sont rapprochés l'un de l'autre par une vis transversale qui réunit leurs branches; enfin, on remarque sur cette figure une sorte de traverse en fer, qui a pour but de rassembler en un seul faisceau les diverses branches de l'appareil et de les serrer encore davantage, ainsi que le dit la légende explicative.

Lorsqu'on examine avec soin la figure de A. Paré (fig. 12), on se demande pourquoi cet appareil un peu

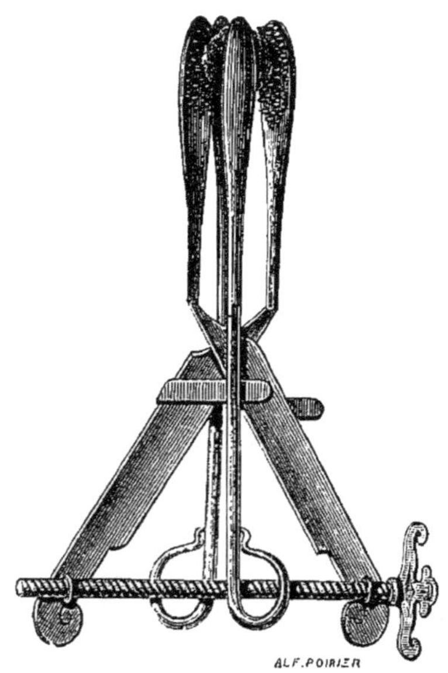

Fig. 12.

compliqué, qui servait seulement à l'extraction de la pierre, n'a pas été transformé en un appareil à morcellement. Il suffirait d'ajouter à cet instrument le perforateur de Franco, pour avoir l'appareil que Civiale produisit dans les dernières années de sa vie (fig. 16), et qu'il considérait comme le dernier perfectionnement apporté à la lithoclastie (voy. Paré, t. II, p. 486).

Frère Côme, en 1748, propose une tenette destinée à briser les grosses pierres dans la vessie : c'est la tenette de Paré quant à ses mors munis de clous puissants; les manches analogues à ceux des tenettes ordinaires se terminent par des anneaux (fig. 13). Le brise-pierre de Frère Côme n'est, en définitive, qu'une tenette à extraction capable de diviser par pression une pierre volumineuse, mais ce n'est pas un instrument spécial dont les mors

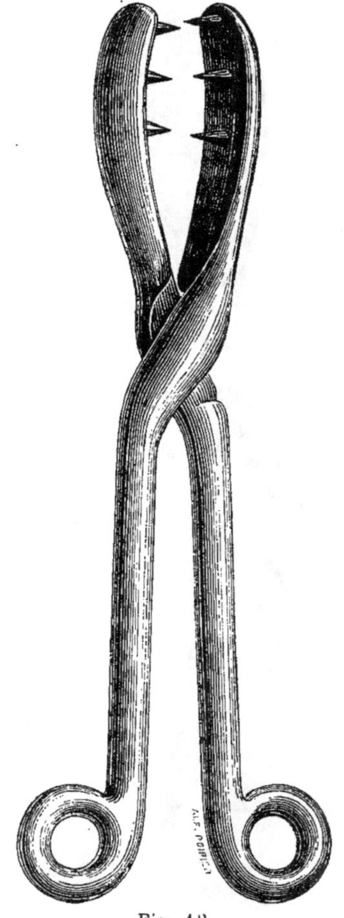

Fig. 13.

se rapprochent au moyen de la vis, ainsi que cela se remarque pour les lithoclastes de Paré et de Lecat.

Le casse-pierre de Heister porte six clous puissants
destinés à faire éclater la pierre : ses branches sont
disposées à la manière de
nos daviers modernes, ce
qui permet de développer
une grande puissance avec
la simple pression de la main.
De plus, il faut remarquer
que l'une des branches se
termine, comme dans l'in-
strument de Franco, par un
crochet mousse, disposition
qui permet une traction puissante sur la pierre, alors que
celle-ci est plus ou moins
réduite et écrasée entre les
mors de cette pincé.

L'instrument de Franco,
celui de Paré, celui de Heister (fig. 14), sont donc, à
proprement parler, des casse-
pierre, tandis que, ainsi
que je l'ai déjà dit, l'instrument du Frère Côme n'est
qu'une tenette ordinaire dont

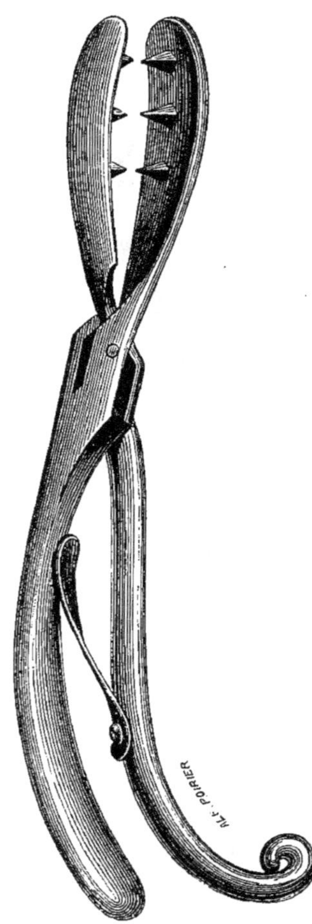

Fig. 14.

les mors sont armés de dents puissantes. Ce célèbre
lithotomiste a néanmoins imaginé un instrument

spécial auquel il a donné le nom de forceps casse-
pierre. Ce sont encore des tenettes puissantes pour-
vues de clous aigus, mais chacune des branches
doit être introduite séparément, l'une à gauche, l'autre à droite, puis on articule et l'on fait l'extraction.
La manœuvre est identique avec celle de l'extraction
du fœtus ; c'est un véritable forceps, quelque chose de
comparable au céphalotribe (voy. Deschamps, t. II,
fig. 8 et 9, pl. 6).

Les inventeurs des divers casse-pierre dont nous
venons de passer en revue les instruments, précisent
peu les dimensions de leurs lithoclastes ; ils disent
cependant qu'il s'agit d'une tenette dont le volume est
double de celui des tenettes qui servent à l'extraction.
Frère Côme, qui brille toujours par ses qualités de
praticien, précise davantage l'indication de ses deux
instruments. Il recommande, dans la majorité des cas,
la tenette ordinaire armée de clous ; quand il s'agit,
au contraire, de très-grosses pierres, c'est, dit-il, le
forceps casse-pierre qu'il faut appliquer.

L'instrument de Frère Côme est très-volumineux ;
voici du reste ses dimensions :

17 pouces de long et sur cette longueur les cuillères
ont plus de 3 pouces. Les branches ont 4 lignes d'é-
paisseur, les cuillères ont 6 lignes de largeur sur 4
d'épaisseur. Frère Côme ajoute : « Les chirurgiens
qui taillent beaucoup pourront avoir trois tenettes

graduées, afin de pouvoir les proportionner au volume des pierres et aux différents âges, et pour lors, il n'y aura aucun cas où elle leur résiste, et où ils ne puissent conserver la vie aux malades. »

Frère Côme recommande ces tenettes de dimensions variées ; il a de plus insisté sur la place que doit occuper le clou destiné à faire éclater le calcul par pression. Chaque cuiller porte trois clous, mais il n'en faut laisser qu'un seul qui sera, suivant les cas, tantôt au bout, tantôt dans le milieu.

Pour avoir ainsi précisé les choses et s'être efforcé de multiplier les ressources instrumentales, il faut que Frère Côme n'ait pas été éloigné d'admettre, presque en principe, la fragmentation des pierres. Et pour le dire en passant, proportionner par la lithoclastie le corps étranger aux dimensions de la plaie périnéale, c'était tout simplement rendre inutile la bienfaisante application du lithotome qui, lui, devait toujours faire une incision proportionnée mathématiquement au volume de la pierre.

Je dois encore mentionner l'instrument de Lecat : c'est une tenette dont les branches se rapprochent au moyen d'une vis ; aussi Deschamps a-t-il fait remarquer la grande analogie qui existait entre l'instrument de Lecat et celui de Paré.

Suivant Deschamps, il y aurait certaines pierres qu'on ne pourrait briser qu'en employant des tenettes

extrêmement puissantes ; aussi fait-il à ce sujet la remarque suivante : « Quelles difficultés ne doit-on point
éprouver à placer dans la vessie une masse aussi volumineuse (le casse-pierre) pour embrasser le corps
étranger, et surtout dans une vessie qui, presque toujours coiffe la pierre, la remplit et la serre de toutes
parts. »

Les divers instruments que nous venons de passer
successivement en revue avaient tous pour destination
le morcellement de la pierre, et tous agissaient suivant
un mécanisme unique, la pression. Nous allons maintenant énumérer d'autres tentatives de lithoclastie ;
mais alors ce n'est plus par la pression qu'on attaque
le calcul, c'est par la perforation qu'on veut faire
éclater la pierre du centre à la circonférence. C'est
encore Franco qu'il faut citer en première ligne,
car c'est à lui que revient le mérite de l'invention.
Il propose, en effet, de pénétrer dans les calculs
vers leur centre avec le foret que Guy de Chauliac
destinait à l'extraction des traits fixés dans les os
(Franco, p. 114, fig. 4).

Lecat, dans son parallèle des diverses espèces de
taille (pl. III, fig. 2 et 3, art. 3, p. 273), conseille
également de pénétrer dans le centre de la pierre
avec un foret à éclatement destiné à rompre le calcul.

Deschamps condamne toutes les tentatives de morcellement de la pierre ; il conseille, pour les cas où

l'extraction offrirait des difficultés tenant à la grosseur du calcul, de faire la taille au-dessus du pubis plutôt que d'essayer de réduire la pierre par un broiement quelconque.

La fragmentation des calculs, comme adjuvant de la taille, fut donc abandonnée, et tous les praticiens de cette époque paraissent avoir accepté le conseil de Deschamps. Ce n'est que dans ces dernières années que la lithoclastie par le périnée a été remise de nouveau à l'étude.

J'ai déjà mentionné plus haut quelques tentatives qui ont coïncidé avec la découverte et les perfectionnements de la lithotritie par les voies naturelles. J'ai dit qu'à cette époque la combinaison de la taille et de la lithotritie avait rencontré peu de faveur ; en effet, pour des raisons qu'il serait difficile de préciser, la taille ne voulait rien devoir à la lithotritie, et celle-ci craignait de se compromettre.

Néanmoins, quelques chirurgiens, parmi lesquels je citerai Civiale, Bégin, Guersant, ont fragmenté, avec l'instrument d'Heurteloup, des pierres qui ne pouvaient franchir l'orifice de la taille. Quelques opérateurs contemporains ont également employé le brise-pierre ordinaire pour faciliter certaines opérations de taille ; Bouisson a mentionné cette ressource comme lui ayant été fort utile.

Je suis étonné, pour ma part, que les chirurgiens

n'aient point été frappés des difficultés réelles que rencontre la manœuvre du brise-pierre ordinaire, lorsque cet instrument pénètre par une voie accidentelle.

Je suis surpris d'entendre Bouisson affirmer que la lithotritie, ainsi pratiquée, ne présente ni les difficultés, ni la durée qui caractérisent son mode ordinaire d'exécution. Je partage bien l'avis de mon collègue, quand il affirme que le trajet court, large et direct admettra sans obstacle les lithotriteurs de la plus grande puissance ; mais je déclare que la manœuvre de nos brise-pierre est difficile quand ceux-ci sont introduits dans la vessie, au travers du périnée, c'est-à-dire de bas en haut et d'arrière en avant.

On sait que bien souvent, lorsqu'il s'agit de saisir la pierre dans une lithotritie ordinaire, on a recours à une manœuvre qui consiste à déprimer le bas-fond de la vessie avec la branche femelle du brise-pierre. L'exécution de cette dernière manœuvre exige qu'on relève le manche de l'instrument vers la paroi abdominale. Ce mouvement de bascule, qui réussit si souvent, cesse d'être applicable lorsque l'instrument a pénétré par le trajet de la taille. J'affirme, pour l'avoir bien des fois expérimenté, que la fragmentation des calculs par le périnée, avec le brise-pierre de Heurteloup, est une manœuvre dont l'exécution est difficile et parfois impossible. Je trouve, du reste, la démonstration de ce que j'avance dans un renseignement

que j'emprunte au Mémoire de Bouisson sur la taille
médiane, page 251 : Le lithotriteur ne put être développé et la lithoclastie dut être abandonnée, le tout
à cause d'une disposition insolite de la vessie.

Bouisson dit encore, page 42 de son *Mémoire
sur la lithotritie par les voies accidentelles*, que « un
autre avantage de la lithotritie par les trajets courts
ou directs, consiste dans la faculté qu'a le chirurgien
de retourner facilement le lithotriteur, de manière à
diriger vers le bas-fond de la vessie le bec de la partie
coudée de l'instrument ». Le même auteur ajoute,
quelques lignes plus loin : « Les instruments ordinaires
se prêtent à tous les mouvements dont on reconnaît
la nécessité. On renverse aisément leur direction et on
les fait fonctionner comme de véritables pinces, qui
vont chercher dans le bas-fond de la vessie le moindre
gravier. En agissant ainsi sur les malades que j'ai
opérés, je n'ai jamais éprouvé d'embarras à saisir la
pierre, etc., etc. »

L'impression qui ressort de ma pratique est donc
toute différente de celle qu'a gardée Bouisson de
ses propres opérations. J'ai déjà fait remarquer que
Bouisson avait échoué pour un de ses malades;
j'ajouterai le renseignement suivant, emprunté à une
observation du même chirurgien (*Lithotritie par les
voies accidentelles*, p. 39) : « Le calcul, très-libre dans
la cavité vésicale, échappa pendant quelques minutes

aux recherches de l'instrument ; il fallut modifier la position du malade, en élevant fortement le bassin, pour rendre le corps étranger plus accessible. »

Chez son premier malade la pierre fut saisie facilement ; cependant Bouisson préféra, après cinq séances successives, extraire les fragments avec une pince à branches croisées, de Charrière (*sic*), afin, dit-il, d'éviter de nombreuses séances de lithotritie.

Ma conclusion est celle-ci : un opérateur aussi habitué que l'est Bouisson saura toujours surmonter les obstacles ; on peut, à son exemple, tirer parti des brise-pierre courbes pour fragmenter un calcul à travers un trajet accidentel établi au périnée, mais je ne saurais recommander cette manœuvre comme facile. J'engage les jeunes chirurgiens à compter peu sur le brise-pierre courbe, quoique, théoriquement, cet instrument semble offrir des ressources considérables dans la combinaison de la lithotritie à la taille.

Il faut bien croire que les brise-pierre ordinaires dont tout le monde a eu la pensée de se servir, lorsqu'il s'agissait de faciliter la taille par la lithoclastie, il faut bien croire, dis-je, que ces instruments ne remplissent pas les conditions voulues puisque, tout récemment encore, 1861, Nélaton et Civiale ont imaginé presque simultanément chacun un nouvel appareil destiné à fragmenter les gros calculs au travers du périnée.

L'instrument de Nélaton (fig. 15) est une combinaison

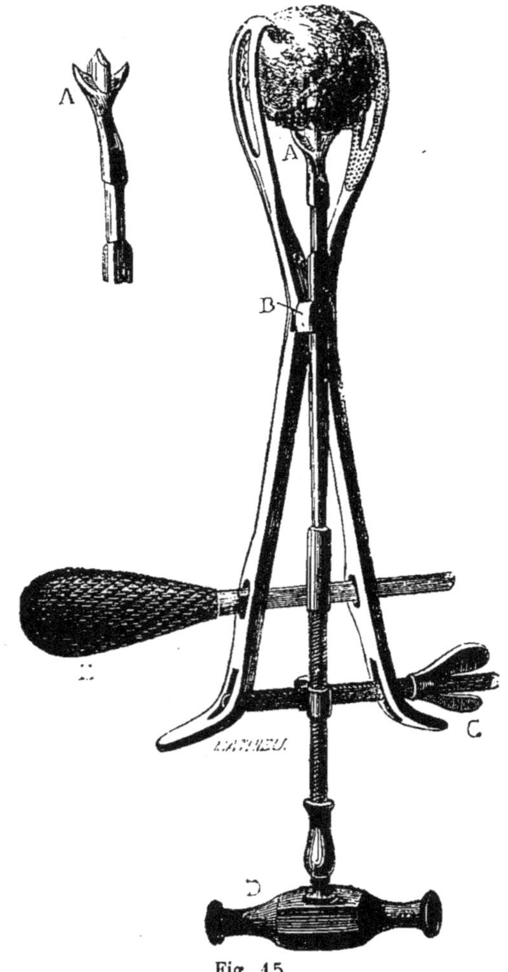

Fig. 15.

de forceps brise-pierre, de Frère Côme, et du perfo-

rateur de Franco et de Lecat. On introduit les deux
branches successivement comme un véritable forceps
et une fois que la pierre est bien fixée par les mors
recourbés de l'instrument, on adapte sur l'une de ces
branches un perforateur taillé en fer de lance, armé
latéralement d'un double coin. Ce forceps brise-
pierre, qui est évidemment beaucoup mieux confec-
tionné que ceux des anciens lithotomistes, a le défaut
d'être trop volumineux; son emploi serait laborieux
et je ne sache pas que cet instrument ait été appliqué
sur le vivant. Dans tous les cas, son introduction
exige une plaie de 3 centimètres au moins; il ne saurait donc être utilisé pour exécuter l'opération de la
lithotritie périnéale.

Civiale a également combiné l'écrasement et la perforation du calcul, toujours comme ses devanciers,
dans l'intention de subordonner le volume de la pierre
aux dimensions de la plaie de la taille.

Il avait renoncé au gros brise-pierre, et même à la
pince à trois branches pour laquelle il avait une si
grande prédilection.

Son instrument (fig. 16) est une tenette solide dont
les mors sont recourbés en crochet. La pierre, une
fois saisie, peut être tirée facilement si le volume
n'est pas considérable ; mais si les dimensions du calcul
s'opposent à l'extraction, on adapte sur la tenette une
pièce nouvelle qui, d'une part, fixe les deux branches

de la pince, et qui, d'autre part, supporte un perforateur destiné à éclater la pierre.

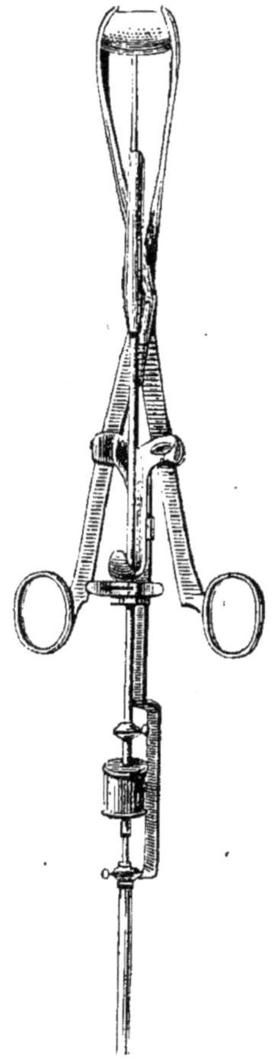

Fig. 16.

Civiale a eu l'intention de simplifier les manœuvres en utilisant
toujours le même instrument pour
remplir les diverses indications de
l'extraction ; la tenette est introduite comme de coutume dans la
vessie, et l'on tient en réserve
tous les accessoires.

Il suffit d'avoir vu fonctionner
l'appareil de Civiale pour se convaincre qu'il est loin de présenter
la simplicité qu'avait rêvée pour lui
son inventeur ; il suffit surtout
d'avoir tenu ces lourdes pièces
pour acquérir la certitude que
l'opération doit être des plus fati-
gantes. La lithoclastie, avec cet
appareil, nécessite une main puissante qui ne se rencontrera qu'exceptionnellement.

Je signalerai encore deux tentatives instrumentales qui remontent à peine à quelques années.
C'est d'abord un casse-pierre fabriqué par Mathieu ;
cet instrument n'est autre chose que la tenaille in-

cisive employée dans l'industrie pour casser le sucre. Cet instrument volumineux est bien difficile à manœuvrer dans la vessie ; il rappelle de tous points la tenaille incisive de Franco.

Le second lithoclaste dont j'ai encore à parler a été construit pour Maisonneuve par Robert et Collin (fig. 17). Ce casse-pierre se compose d'une longue canule dont l'extrémité vésicale est recourbée à angle droit. Cette partie recourbée, au lieu d'être comme le reste un gros cylindre, se réduit à une gouttière ou à une grosse cannelure qui regarde par sa concavité la portion droite de la canule.

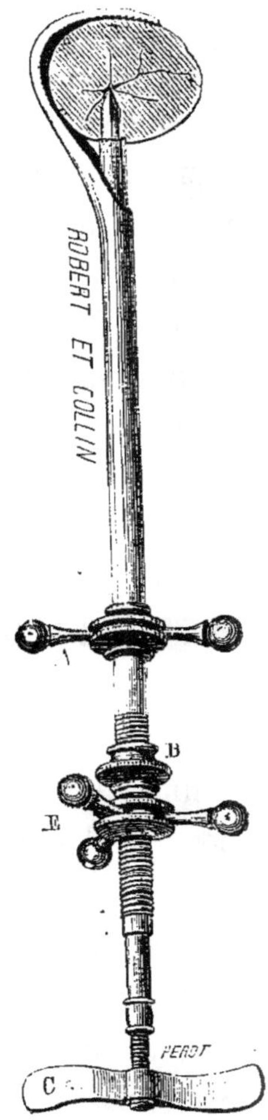

On manœuvre cette canule recourbée à la manière d'une curette, de façon à engager la pierre dans la concavité de la courbure. Il reste alors à fixer le calcul et à l'éclater par perforation.

Pour atteindre ce résultat complexe, on fait avancer, au moyen d'une vis, une autre canule droite qui se trouve contenue dans l'intérieur de la canule principale. Cette

Fig. 17.

deuxième canule, en même temps qu'elle fixe le calcul sur le bec de la première, sert de guide au perforateur qu'elle renferme dans sa cavité.

Cet instrument, assez volumineux, est d'une introduction difficile, la manœuvre en est compliquée; ce qui n'empêche pas que cet appareil ne soit ingénieux et même séduisant. Je ne puis en parler davantage n'ayant point eu l'occasion de m'en servir.

Il est juste de dire que vers 1852 M. Fabri (de Bologne) avait imaginé un casse-pierre presque identique avec celui dont je reproduis ici la figure.

Pour faire la lithotritie par le périnée, le meilleur casse-pierre est celui qui, en même temps qu'il prend facilement la pierre, offre assez de résistance pour la fragmenter. La tenette est encore l'instrument qui saisit le plus sûrement un calcul, il reste donc à lui donner une puissance suffisante pour qu'il devienne possible d'écraser les diverses concrétions vésicales.

Si la tenette est vraiment le meilleur instrument, il faut toutefois se garder d'employer ces pinces formidables telles qu'on les retrouve dans l'arsenal des anciens lithotomistes et telles qu'elles se voient représentées par l'appareil de Civiale. Le problème qu'il faut résoudre consiste à faire une tenette très-puissante, très-résistante, sous un volume relativement très-petit. C'est dans cette direction que j'ai

cherché, et voici brièvement le résultat auquel je
suis parvenu.

En 1865, bien convaincu que tous les brise-pierres

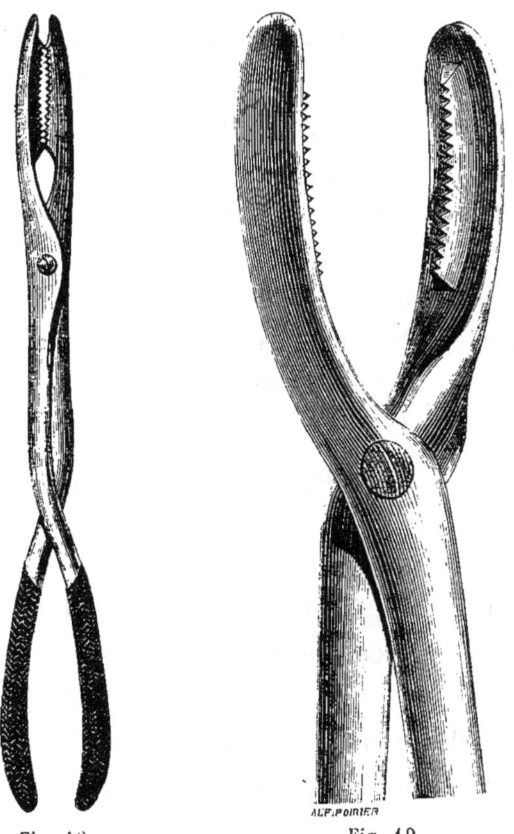

Fig. 18.   Fig. 19.

analogues à celui de Heurteloup, ne pouvaient pas
convenir pour la lithotritie périnéale, je fis part de
mes désirs à Lüer. Cet habile fabricant me présenta,

quelque temps après, une tenette dont je me sers encore aujourd'hui après, toutefois, lui avoir fait subir diverses modifications (fig. 18 et 19).

Ce nouveau casse-pierre est une tenette dont les manches sont conformés comme ceux des daviers anglais. La longueur totale de cet instrument est de 38 centimètres, et sa configuration est telle que la tenette fermée peut passer au travers d'un canal dont le diamètre est de 2 centimètres. L'épaisseur des deux branches du casse-pierre est considérable et leur résistance est absolue, grâce à une trempe convenable.

Ce qui fait la puissance de ce casse-pierre, c'est la situation de l'articulation des branches; celle-ci est très-rapprochée de la résistance. Les mors de la tenette casse-pierre sont en effet très-courts, 6 à 7 centimètres, tandis que les branches sont très-allongées, environ 30 centimètres. La solidité est du reste telle, que l'on peut multiplier le bras de la puissance en allongeant de beaucoup les branches.

Robert et] Collin ont, par un mécanisme des plus simples, permis d'allonger le bras du levier suivant les circonstances. On ajoute aux branches de la tenette de longs prolongements qui doublent et triplent même la longueur du bras du levier, la résistance et le point d'appui restant les mêmes.

On peut affirmer, et cela d'après l'expérience clinique et d'après l'expérimentation variée, que les tenettes casse-pierres dont je viens de parler ont une puissance d'écrasement considérable, bien certainement supérieure à la résistance que peuvent offrir les calculs les plus durs.

Il faut néanmoins remarquer que cet instrument a un grave défaut; les mors sont courts et étroits, ils ne peuvent donc s'ouvrir assez largement lorsqu'il s'agit de saisir un calcul un peu volumineux; aussi peut-on dire, suivant une expression consacrée, que la tenette mord mal. Souvent, pendant mes premières opérations de lithotritie périnéale, j'ai entendu les assistants accuser l'insuffisance du casse-pierre; on entendait manifestement des bruits sourds annonçant que le calcul échappait à la pression, faute d'être saisi suffisamment pour être écrasé.

Pourquoi, me disait un confrère, n'avez-vous donc pas une tenette qui saisisse mieux les calculs? L'objection était capitale, car dans cette difficulté de saisir la pierre réside le véritable problème qu'il fallait résoudre pour rendre pratique la lithotritie par le périnée.

Les divers casse-pierres, les différentes tenettes anciennes ou modernes, tous ces instruments présentent les mêmes inconvénients; ils sont trop volumineux pour être introduits facilement, on ne peut les manœuvrer sans danger une fois qu'ils occupent l'intérieur de la vessie, celle-ci étant d'ailleurs vide et plus ou moins remplie par la pierre. Les lithoclastes courbes sont assez faciles à introduire, mais ainsi que je l'ai déjà dit plus haut, la fragmentation des calculs avec ces derniers instruments n'est pas aussi facile que la théorie semblerait l'indiquer.

La tenette dont je me sers actuellement ne permet guère de saisir la pierre, l'écartement des mors est insuffisant, l'instrument ne rencontre ordinairement le calcul que par l'extrémité des cuillers. J'ai fait denteler l'extrémité du casse-pierre de Lüer et, grâce à cette modification, Robert et Collin ont fabriqué une tenette qui mord par son bec (fig. 20).

Avec cet instrument, dont la manœuvre réclame un peu d'habitude, on peut attaquer et réduire en fragments un calcul dur et volumineux ; on démolit la pierre de la circonférence vers le centre, on la gruge, comme l'on dit vulgairement. Une fois la pierre entamée dans un point, le bec du casse-pierre s'implante plus facilement et la destruction du calcul s'opère encore assez vite.

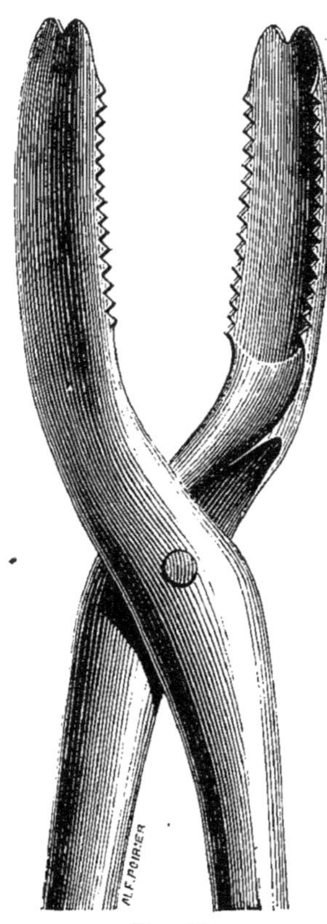
Fig. 20.

Mon casse-pierre présente, à la face interne des deux cuillers, une longue crête longitudinale et saillante ; cette disposition augmente la solidité en même temps qu'elle favorise l'éclatement de la pierre quand celle-ci peut être saisie. Cette configuration, il faut bien le reconnaître, permet à la pierre de s'échapper facilement, car cette dernière est peu retenue à la surface du dos d'âne que représente la face interne de chaque cuiller.

Peut-être au lieu de la crête médiane pourrait-on revenir aux clous acérés des casse-pierres de Paré, de Frère Côme, de Lecat, etc., mais il faut rejeter l'idée de cuiller dont la face interne serait concave.

J'ai vu, par exemple, à Saint-Antoine, expérimenter une tenette qu'avait construite Robert; les cuillers étaient concaves et leurs bords dentés. Nous avons pu constater que cet instrument prenait bien la pierre, qu'il la broyait également très-bien ; mais la tenette s'engorgeait facilement et l'extraction répétée de cet instrument rempli de débris calculeux, a eu pour résultat des déchirures multiples, plus ou moins profondes, du col de la vessie.

La tenette à mors courts et étroits, terminée à son extrémité par deux dents, cette tenette avec des manches puissants, susceptibles d'être allongés au besoin, me paraît à l'heure qu'il est le meilleur casse-pierre que nous possédions ; toutefois, Robert m'a présenté,

dans le courant de l'année 1871, un nouvel instrument que je considère comme le dernier perfection-

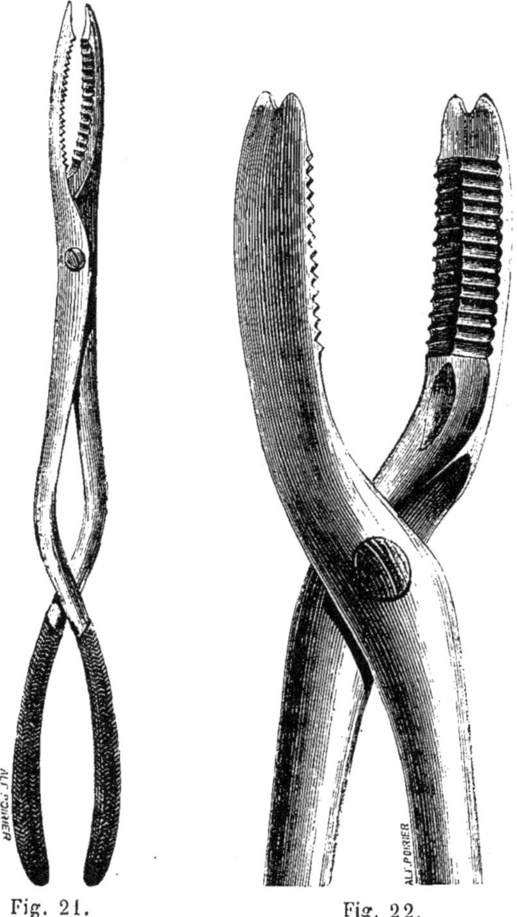

Fig. 21.   Fig. 22.

nement de mon casse-pierre (fig. 21 et 22). C'est
toujours la tenette puissante, à manches de davier ; les
mors en sont courts et étroits, enfin leurs disposition s

réciproques constituent ce qu'en terme technique on peut appeler un excellent porte-à-faux. En effet, l'une des cuillers présente une crête médiane, disposée en dos d'âne, comme dans l'instrument de Lüer ; ce dos d'âne est creusé de rainures transversales. L'autre cuiller est légèrement concave et ses bords dentelés correspondent aux dentelures du dos d'âne avec lesquelles elles alternent. J'ajouterai que le bec de ce casse-pierre présente les deux grandes dents que j'ai fait ajouter depuis longtemps pour obtenir le grugement de la pierre de la circonférence vers le centre (fig. 22 et 20).

Avec ce nouvel instrument, on peut, par une petite plaie, broyer une pierre volumineuse et dure ; la disposition des cuillers assure le morcellement du calcul sans exposer à l'engorgement.

Tout récemment, trois nouvelles opérations ont été exécutées par moi, et elles ont justifié mes prévisions sur la valeur absolue de ce casse-pierre que j'adopte définitivement.

Jusqu'ici, je n'ai point rencontré de cas pour lesquels la tenette fût impuissante, la résistance des calculs a toujours été surmontée, et je n'ai point eu l'occasion d'avoir à allonger les branche du casse-pierre. La pression de la main a toujours été suffisante, toutefois dans un cas de pierre très-dure, je crois qu'il serait préférable d'allonger les leviers plutôt que

d'exécuter la pression au moyen d'une vis de rappel,
comme dans l'instrument de Franco.

On fera bien dans tous les cas, et telle est ma règle
de conduite, d'avoir à sa disposition plusieurs casse-
pierres, voir même le percuteur courbe, car la lithoclastie présentera toujours de réelles difficultés, et l'on
ne saurait trop multiplier les ressources mécaniques
pour assurer le succès tout en parant à l'imprévu.

Les différentes tenettes que je viens de faire con-
naître sont toutes des perfectionnements de l'instrument fait pour moi par Lüer, elles sont actuellement
très–employées. Plusieurs auteurs en ont, à tort,
accordé le mérite de l'invention à la maison Charrière ;
il n'en est rien. Néanmoins, Robert et Collin ont
beaucoup fait pour les perfectionnements que je crois
avoir apportés à la lithoclastie.

Troisième temps de la lithotritie périnéale.

EXTRACTION.

Nous sommes maintenant en mesure de terminer
ce qui a rapport à la description du manuel opéra–
toire. Dans cet exposé, je réunirai le deuxième et le
troisième temps de la lithotritie périnéale, c'est-à-dire
le morcellement de la pierre et l'extraction successive
des divers fragments.

Lorsque le trajet périnéal est bien complétement

constitué, voici comment il faut procéder. Le col est alors dilaté, néanmoins il faut bien se garder de porter le doigt jusque dans la vessie ; j'ai dit ailleurs que cette exploration faite sans ménagement suffisait pour déchirer le col. Il faut cependant s'assurer que le trajet est libre ; dans ce but, on introduit doucement la petite tenette n° 1, les cuillers regardant l'une à gauche, l'autre à droite. Une fois parvenue dans la vessie, on ouvre largement la tenette et, par un mouvement de rotation, on place l'une des cuillers dans le bas-fond ; quelques petits mouvements permettent de saisir la pierre, ou bien on acquiert la certitude que le volume du calcul est considérable et que l'instrument est trop petit pour le fixer.

Si la petite tenette a pu prendre le calcul, c'est que celui-ci est peu volumineux au moins dans l'une de ses dimensions. La résistance qu'on rencontre à la pression renseigne tout de suite sur le degré de résistance de la concrétion ; il faut une pierre très-molle pour qu'un instrument aussi faible puisse l'entamer.

Lorsqu'il s'agit par hasard d'une très-petite pierre, ou bien encore de fragments consécutifs à une lithotritie uréthrale qui n'a pu être continuée, cette petite pierre ou ces fragments peuvent être extraits immédiatement. La tenette est si délicate, qu'elle ne peut ramener que des concrétions peu volumineuses. Dans tous les cas, il faut franchir le col avec ménagement, lentement, pour s'assurer si la pierre peut être extraite sans déchirure du col ou si elle doit être abandonnée momentanément pour être ensuite fragmentée.

Lorsque les divers renseignements que je viens d'énumérer ont été fournis au chirurgien par l'exploration avec la petite tenette, on procède à la fragmentation, on exécute la lithoclastie.

J'ai pour habitude d'employer mon casse-pierre, mais comme je l'ai dit plus haut, j'ai toujours à ma

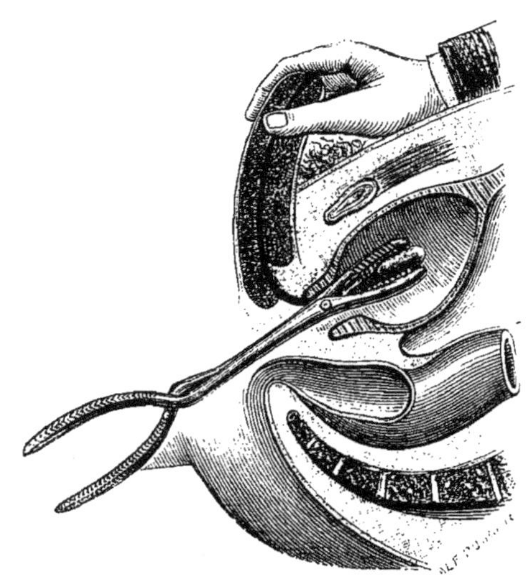

Fig. 23.

disposition des tenettes variées, et même un brise-pierre conformé comme celui de Heurteloup, mais plus court et plus volumineux.

Le casse-pierre doit être bien graissé et introduit

lentement ; la voie est encore peu libre et il faut éviter les fausses routes, les contusions du col. Cette première introduction demande beaucoup de ménagements, elle est aussi délicate dans son exécution qu'elle devient facile pendant le cours de l'opération (fig. 23).

On rencontre ordinairement la pierre tout de suite. Il faut se rappeler que l'instrument ne permettant pas de fixer le calcul à cause de la disproportion qui existe entre ses branches et les dimensions présumées de la pierre, il convient d'attaquer franchement la concrétion avec le bec du casse-pierre afin de la détruire, de la gruger par une action d'autant plus efficace que les tentatives se sont multipliées. C'est une œuvre de patience, il faut y mettre du temps et se bien garder des mouvements brusques.

Lorsque, par une série de pressions, on a acquis la certitude que le calcul a déjà été écorné à plusieurs reprises, ou bien encore que la pierre a été éclatée en totalité, il faut retirer le casse-pierre et introduire de nouveau la petite tenette. Les fragments moyens, les débris de toutes sortes seront successivement extraits ; de plus, on s'assurera facilement qu'il reste encore des fragments assez gros pour ne pouvoir pas franchir le col ; ces derniers devront nécessiter une nouvelle intervention du casse-pierre.

C'est par une série de fragmentations et d'explorations suivies elle-mêmes d'extractions qu'on arrive à débarrasser définitivement la vessie. Pendant toutes ces manœuvres, il est bon et pour écarter les parois vésicales et pour déplacer les fragments calculeux, il est bon, dis-je, de faire de temps en temps des injections froides dans l'intérieur de la vessie. Ces injections seront faites par le périnée au moyen d'une seringue à anneaux sur laquelle on aura adapté une grosse sonde de gomme, ou bien encore une sonde volumineuse de caoutchouc vulcanisé.

Je dirai en passant et à propos des injections, qu'il faut abandonner cette idée, d'ailleurs très-répandue, que des irrigations peuvent avoir pour résultat d'entraîner les débris calculeux, et par suite, de débarrasser la vessie. Il n'en est rien, l'injection la mieux faite ressort sans entraîner la moindre parcelle de pierre ; il est donc inutile de multiplier des tentatives qui seraient au moins inutiles si en se renouvelant elles ne devenaient dangereuses.

Je le répète, il faut n'employer les injections que comme un moyen de faciliter la manœuvre des instruments ; elles modèrent l'hémorrhagie et rendent certains fragments plus accessibles.

Pour en revenir à la fragmentation de la pierre, je dirai que cette manœuvre s'est beaucoup simplifiée depuis que je me sers du casse-pierre que j'ai définitivement adopté (voy. fig. 21 et 22). Dans l'origine, il fallait toujours introduire plusieurs fois la tenette pour arriver à la destruction complète de la pierre ; actuellement, le porte-à-faux que j'emploie est si heureusement calculé qu'il suffit de saisir la pierre une ou deux fois pour la démolir en quelque sorte et pour la convertir en un grand nombre de petits fragments.

Dans une observation récente, j'ai saisi une seule fois la pierre et, par la simple pression, j'ai donné naissance à cinquante-trois fragments, tous plus ou moins petits et qui ont pu être extraits successivement jusqu'à libération complète de la vessie.

Il ne faut pas quitter le malade sans s'être bien assuré qu'il ne reste plus rien dans sa vessie ; on doit faire une série d'explorations terminales, multipliées et variées. Il faut, dans ces recherches, avoir recours successivement à la petite tenette droite, à la petite tenette courbe, à la curette, au bouton, en même temps qu'on multiplie les injections intra-vésicales.

Je donne le conseil très-affirmatif de ne jamais terminer l'opération sans avoir au préalable exploré la vessie au moyen d'une sonde métallique à petite courbure introduite par l'urèthre. Le cathétérisme régulier m'a permis, dans plusieurs circonstances, de constater l'existence de petits débris calculeux qui m'avaient échappé, quoique les recherches par le périnée eussent été aussi multipliées que je viens de le recommander.

Tandis que la sonde est encore dans la vessie, on peut faire une injection et explorer simultanément avec le bouton introduit par la plaie périnéale.

L'opération terminée, l'écoulement du sang qui était peu abondant cesse complétement, et il suffit de nettoyer le malade pour qu'il ne soit, en quelque sorte, plus question de la grave opération qu'il vient de subir.

Ici se présentent plusieurs questions importantes de pratique que l'expérience me permet de résoudre ; les résultats ont été assez constants et assez uniformes pour que je puisse me prononcer affirmativement.

Voici quelles sont ces questions : Faut-il faire un pansement de la plaie? Faut-il laisser une sonde à demeure soit dans les voies naturelles, soit dans la voie accidentelle créée dans l'épaisseur du périnée?

Lorsque le malade a été replacé dans son lit, les cuisses rapprochées, les jambes demi-fléchies sur un coussin qui supporte les jarrets, quand toutes ces conditions sont réunies, on peut s'assurer qu'il n'y a plus de plaie apparente ; les deux lèvres de la boutonnière sont en contact, et si n'était le passage de l'urine qui doit accompagner la première miction, on serait presque en droit d'attendre une réunion par première intention. Je dirai plus loin deux mots de cette tentative de réunion immédiate, mais ce que je viens de

relater suffit pour démontrer que la plaie qui résulte
de la lithotritie périnéale cessant immédiatement d'être
une plaie exposée, toute espèce de pansement n'aurait
pas sa raison d'être et serait par cela même irration-
nel. L'urine devant nécessairement mouiller les
pièces du pansement, il faudrait renouveler celui-ci,
ce qui entraînerait beaucoup de fatigue pour l'opéré.

Ma pratique est la suivante : après avoir placé le
malade, ainsi que je l'ai dit plus haut, le siége repo-
sant sur une alèze de caoutchouc vulcanisé (chacun
sait combien ce tissu est doux et surtout combien il est
facile d'en entretenir la propreté), au niveau de la
rainure périnéale, là où se trouve la plaie, je place
une éponge fine soutenue par une serviette.

Dans ces conditions, rien n'est facile comme d'observer ce qui se passe ; dans cette intention on doit
examiner de temps en temps l'éponge et voir si elle
est souillée soit par du sang, soit par des urines.
Pendant toute la durée de la cure, il suffit de tourner
le malade sur le côté pour être en mesure d'examiner
la plaie, de laver les téguments voisins ; rien n'est
simple comme de tenir la région dans un état complet de propreté et de sécheresse presque absolue.

Le malade peut prendre cette position latérale même
pour se reposer, et il n'y a pas lieu de redouter que
les mouvements puissent nuire à la cicatrisation de la
petite plaie. Il suffit d'aider l'opéré, de le pousser

doucement pour le faire rouler insensiblement d'un côté sur l'autre.

Après chaque miction, et surtout après les garde-robes, il faut laver le siége, puis essuyer et poudrer toute la région.

Je reviens maintenant à la question de la sonde à demeure. Lors de ma première opération, celle dont l'observation se trouve publiée dans mon livre, je crus devoir persister dans une pratique que j'avais adoptée après la taille médiane; cette pratique consistait à fixer une sonde dans la plaie pendant les vingt-quatre premières heures. Après ma première lithotritie péri-néale je fixai donc une sonde dans la plaie; mais je fis cette remarque, que le corps étranger provoqua chez mon malade plus de douleur qu'on n'en observe habituellement. L'utilité d'empêcher le passage de l'urine sur une plaie à peine vive ne me paraissant pas absolument démontrée, lors de ma deuxième opé-ration, je laissai couler les urines volontairement.

J'ajouterai qu'après la taille les urines coulent involontairement, tandis qu'après la lithotritie péri-néale les urines sont gardées et ne sortent que par intervalles. La sonde n'ayant pas l'avantage de guider d'une façon incessante l'écoulement de l'u-rine, elle pourrait avoir pour inconvénient d'irriter la plaie et de provoquer du ténesme vésical.

Chez mon deuxième opéré, les choses se passèrent

aussi simplement que la première fois, et le jour même de l'opération une partie des urines put sortir par les voies naturelles. Depuis cette époque, je n'ai plus laissé de sonde à demeure et, dans tous les cas, j'ai pu constater que la miction se faisait facilement, partie par la plaie, partie par le canal naturel.

D'après ce qui précède, je donne le conseil de laisser les malades sans pansement et sans sonde à demeure dans le trajet périnéal. Reste à décider la question de la sonde fixée dans les voies naturelles.

J'ai quelques raisons de supposer que si une sonde de gomme pouvait séjourner plusieurs jours dans l'urèthre sans déterminer aucun inconvénient, on éviterait l'issue de l'urine par le périnée et que l'on obtiendrait probablement une guérison plus rapide. Je n'ai point essayé, je ne puis donc juger que théoriquement. En suivant la pratique dont je viens de parler, je craindrais que l'urine ne s'écoulàt involontairement de la vessie par la plaie, à la faveur de la sonde qui tiendrait béant le col de l'organe. J'ai surtout peur, en laissant une sonde, de voir celle-ci s'oblitérer, et rien ne serait fâcheux comme les efforts de miction que cet incident pourrait entraîner.

Sur deux de mes opérés (voy. obs. 19 et 20) dont la vessie inerte exigeait depuis plusieurs années l'usage absolu du cathétérisme évacuatif, j'ai fait des remarques qui m'ont paru intéressantes et qui seraient de nature, si les observations se multipliaient, à modifier un peu ma pratique à la suite des opérations de lithotritie périnéale.

Les deux opérés auxquels je viens de faire allusion ont, dans les heures qui suivirent l'extraction de la pierre, partagé le sort commun à tous mes malades; ils ont gardé leurs urines, et après un temps variable, le besoin d'expulsion s'est fait sentir. L'un d'eux, homme énergique, a passé lui-même sa sonde et, comme d'habitude, il a vidé sa vessie; l'autre a été sondé par l'interne qui le surveillait. Chez ces deux malades, le cathétérisme a été répété tout le temps de la cure, l'urine n'a jamais traversé le trajet périnéal; aussi la cicatrisation a-t-elle été très-rapide. Chez l'un, la plaie était fermée extérieurement dès le lendemain de l'opération, et elle ne s'est pas ouverte depuis. Chez l'autre, la cicatrisation cutanée a demandé quatre ou cinq jours.

On a pu constater, chez ces deux opérés, que la cicatrisation du trajet se faisait régulièrement, seulement la petite suppuration qu'elle entraîne sortait par l'urèthre au moment du sondage.

J'ai l'espoir que la guérison sera très-favorisée toutes les fois qu'après l'opération on pourra, sans inconvénient, pratiquer régulièrement le cathétérisme et empêcher ainsi le passage de l'urine par la plaie.

Cette direction particulière de la cure suppose bien

des conditions qui, malheureusement, ne se rencontreront pas souvent réunies. Un canal libre, peu sensible, peu contractile, un malade auquel le passage de la sonde ne donne pas la fièvre, enfin une main étrangère ou celle du malade assez habituée pour faire passer l'instrument sans se fourvoyer dans la plaie, telles sont les conditions qui, je le répète, sont difficiles à réunir; mais toutes les fois que cela sera possible, il faut saisir l'indication comme un moyen de simplifier et d'abréger les suites opératoires.

En résumé, la pratique générale que je recommande consiste à abandonner la cure aux seuls efforts de la nature; il faut surveiller le malade, comme après toutes les opérations chirurgicales, saisir et remplir les indications qui pourraient se présenter; c'est surtout dans les soins de propreté excessive que réside la sauvegarde de l'opéré.

SUITES NATURELLES DE LA LITHOTRITIE PÉRINÉALE

ACCIDENTS ET COMPLICATIONS

On sait maintenant en quoi consiste l'opération que nous nous efforçons de substituer à la lithotomie. Avant de passer en revue les accidents et les complications qui peuvent se produire après l'application de la lithotritie périnéale, je vais décrire sommairement ce que j'appellerai volontiers les suites naturelles de cette opération.

Chez tous mes opérés, j'ai presque toujours observé les mêmes phénomènes, et je puis dire qu'il y a eu une grande uniformité dans les suites opératoires. Lorsque le malade est replacé dans son lit, la réaction commence et la chaleur se développe lentement. Généralement le blessé s'endort, et ce sommeil réparateur n'est troublé que par la sensation du besoin d'uriner; c'est environ trois quarts d'heure à une heure après l'opération.

J'ai vu rarement le besoin d'uriner attendre plus d'une heure pour se produire; l'un de mes opérés, cependant, ne vida sa vessie que trois heures après avoir été remis dans son lit.

Les malades ont généralement une certaine appréhension lorsque le premier besoin se présente, il faut les encourager et surtout leur ôter l'idée que le passage de l'urine sur la plaie devra nécessairement être très-pénible.

On doit les engager à laisser sortir le liquide par une sorte de détente volontaire ; il faut leur recommander d'éviter les efforts irréfléchis de miction auxquels se laissent entraîner bien des opérés que le ténesme tourmente.

L'urine sort enfin par le périnée, elle entraîne quelques petits caillots et, généralement, elle est un peu teintée de rouge. Quant à la douleur, elle est peu vive, elle ne dure pas. Aussitôt que la région a été mise à sec et bien poudrée, le malade, rassuré sur les dangers de cette première miction, reste calme ou s'endort de nouveau.

Les choses vont ainsi régulièrement, et vers la fin de la journée, sans que le pouls devienne bien fréquent, on constate un peu d'augmentation de température, indice d'une réaction salutaire.

Pendant les premières vingt-quatre heures, le régime du malade consiste à boire de l'eau rougie ou bien une légère infusion chaude ; on lui prescrira seulement quelques bouillons.

Je fais toujours préparer une potion calmante pour cette première nuit, mais je préfère que le malade n'y ait pas recours.

Le lendemain, et à moins de contre-indications, je laisse les opérés manger suivant leurs habitudes, le café ou le chocolat du matin, le déjeuner de midi et pour le soir seulement un potage avec de l'eau rougie.

Dans les cas simples, le pouls oscille entre 90 et 100, la température ne dépasse guère 38 degrés.

Je l'ai déjà dit, mais je ne saurais trop le répéter, les opérés de la lithotritie périnéale gardent leurs urines; ils n'ont pas d'incontinence, à proprement parler. Les besoins se montrent plus ou moins fréquemment; ils sont très-impérieux et demandent une satisfaction immédiate; chez quelques malades, le besoin se traduit par une sorte de malaise, et sans qu'il en ait autrement conscience, l'opéré se sent brusquement mouillé.

L'urine, chassée par la vessie, s'écoule par la plaie seulement; cependant il n'est pas rare que vers la fin de la première journée, le malade vous annonce avec satisfaction que quelques gouttes de liquide ont déjà suivi les voies naturelles.

Dès le troisième ou quatrième jour, rarement plus tard, il y a un partage presque égal du liquide entre la voie accidentelle et l'urèthre. J'ai remarqué que chez les malades pour lesquels l'urine avait beaucoup tardé à reprendre son cours naturel, la proportion qui passait alors était généralement considérable et que l'occlusion de la plaie marchait ensuite rapidement.

Vers le troisième jour, la plaie du périnée suppure un peu, et dès ce moment, la région est presque constamment tenue humide par suite d'un suintement composé de pus et de quelques gouttes d'urine. La contention de l'urine est évidemment moins parfaite, mais elle augmentera à mesure de la production des bourgeons charnus.

Dès cette époque, le besoin d'uriner est moins fréquent, moins impérieux ; aussi, j'engage les malades à uriner autant que possible sur le bassin plat. Les opérés s'ingénient vite, et grâce à quelques petits artifices qui varient suivant les individus, ils arrivent tous, et rapidement, à ne plus mouiller leur lit.

J'ai déjà dit qu'il était inutile que les malades restassent constamment sur le dos ; on peut les placer alternativement sur l'un ou l'autre côté ; il en résulte que le siége ne se fatigue pas, qu'il ne présente aucune trace de rougeurs.

Si rien ne vient troubler la cure, vers la fin de la première semaine, les opérés sont sans fièvre, l'appétit est normal, les urines sont claires et limpides. On compte de deux à trois heures d'intervalle entre chaque miction ; l'émission de l'urine n'est point douloureuse, et déjà une grande proportion s'écoule par la verge. Du huitième au dixième jour, j'autorise les malades à passer progressivement plusieurs heures levés dans un fauteuil.

Pendant les dix premiers jours, il faut assurer les garde-robes au moyen de lavements émollients pris chaque matin, et insister, comme je l'ai déjà dit, sur les soins d'une propreté extrême.

J'ai vu un malade marcher dès le troisième jour, plusieurs se sont levés le quatrième et le cinquième jour ; je ne suis pas pour ces cures rapides, elles exposent, je crois, à de graves mécomptes.

La guérison définitive s'observe à des époques un peu différentes qui varient avec l'âge des opérés, leur constitution et la plus ou moins grande simplicité qu'a pu présenter l'opération. Le malade de l'observation XX a guéri par première intention, celui de l'observation XIX était guéri le sixième jour. Il faut compter de deux à trois semaines comme terme moyen de la cure définitive.

Jusqu'ici la guérison a toujours été radicale, et je n'ai pas eu à déplorer la formation de fistules périnéales, comme cela s'observe encore assez fréquemment à la suite des opérations de la taille.

J'aborde maintenant l'étude des accidents et complications qui peuvent accompagner la lithotritie par le périnée.

On peut, *à priori,* supposer que la lithotritie périnéale devra être suivie des diverses complications qui entravent si souvent les opérations chirurgicales. Toutefois il me paraît utile d'insister seulement sur les suites que j'ai pu observer.

L'hémorrhagie a constamment fait défaut à la suite de la lithotritie périnéale, la nature même de cette opération permettait de l'annoncer à l'avance ; aucun vaisseau ne peut être intéressé dans la manœuvre telle que nous l'avons décrite. J'insiste, avec dessein, sur cette absence d'écoulement sanguin ; tout récemment, j'ai assisté à une taille médiane, et l'hémorrhagie a été telle, qu'il a fallu pratiquer le tamponnement.

On peut lire dans les *Bulletins de la Société de chirurgie*, pour 1869, la relation d'une opération de taille médiane qui fut suivie d'une hémorrhagie pour laquelle il fallut avoir recours au cautère actuel.

Parmi les accidents immédiats que j'ai observés, quoique rarement, après l'opération de la lithotritie périnéale, je dois indiquer la fièvre et la douleur ; ces deux phénomènes m'ont paru être toujours connexes. J'ai vu deux fois le malade être pris, aussitôt placé dans son lit, d'un frisson violent en même temps que de douleurs très-vives dans le bas-ventre avec un ténesme vésical et rectal des plus pénibles. J'ai vu, chez l'un de mes malades, le frisson se renouveler jusqu'à trois fois dans les premières vingt-quatre heures. Ordinairement, il n'y a qu'un seul accès soit immédiatement après l'opération, soit dans les heures qui suivent, rarement après trente-six heures révolues. Un frisson violent qui surviendrait après le troisième jour pourrait être rattaché au début probable de l'infection purulente.

La douleur du bas-ventre est constante, mais ordinairement elle est faible. Cette douleur compte parmi les complications toutes les fois qu'elle est vive, et surtout quand elle s'accompagne d'un ténesme violent de la vessie et du rectum. Cette complication est rare, et toutes les fois que je l'ai observée, je n'ai trouvé aucun rapport entre ces symptômes pénibles et la durée plus ou moins longue de l'opération, la facilité plus ou moins grande des manœuvres.

C'est dans l'état de la vessie, au moment de l'opération, que réside la source des accidents que je viens de signaler. Vessie enflammée, calcul ancien volumineux : telles étaient les conditions des opérés chez lesquels j'ai observé le frisson initial, les douleurs et les tranchées vésicales. Ai-je besoin d'ajouter que dans tous ces cas le rein devait être plus ou moins altéré, plus ou moins enflammé ?

Je n'ai observé la rétention d'urine complète qu'une seule fois ; cette complication, qu'il faut par conséquent enregistrer, vient confirmer l'intégrité du col vésical à la suite des opérations de lithotritie périnéale. Je ne compte pas au nombre des rétentions d'urine les malades qui ont dû avoir recours à la sonde, alors que cette obligation du cathétérisme était bien antérieure à l'opération.

Dans deux cas, le ténesme vésical a été pris pour une rétention d'urine, et le cathétérisme mal fait a été suivi d'accidents ultérieurs. Je fais ici allusion au malade que j'ai opéré à la maison de santé dans le service de Demarquay, et à un autre calculeux qui fut traité par moi à l'Hôtel-Dieu en 1865 (obs. X). Chez ces deux individus, une fausse route a été la conséquence d'un cathétérisme intempestif, l'infiltration d'urine en a été la conséquence obligée.

Je n'ai décrit jusqu'ici que les accidents immédiats qui peuvent se développer après l'opération de la lithotritie périnéale, je parlerai maintenant brièvement des accidents consécutifs.

Je mentionnerai tout d'abord l'ecchymose du scrotum et la tumeur sanguine du bulbe de l'urèthre ; ce sont les résultats évidents de la contusion du bulbe. Cette complication, facile à reconnaître, n'entraîne à sa suite aucune conséquence grave, j'ai toujours vu l'épanchement sanguin se terminer par résolution.

Lorsque la vessie était depuis longtemps le siége d'une cystite calculeuse, on observe parfois une inflammation du trajet périnéal ; il semble, dans ces cas, que les diverses matières pathologiques qui sortent presque constamment de la vessie entretiennent une irritation des lèvres de la plaie. Cette complication, qui cède en général avec la cystite, détermine de la douleur, elle peut s'accompagner d'un accident que j'ai décrit ailleurs sous le nom d'incrustation de la plaie. Dans les conditions que je viens d'indiquer, il n'est pas rare de voir les malades être pris d'incontinence d'urine, quoique le col vésical soit manifestement demeuré intact.

L'irritation du trajet périnéal n'est point une inflammation susceptible de s'étendre ; quant à l'infiltration urineuse, quant à la gangrène périnéale, je ne les ai jamais observées.

La néphrite chronique préexistante a emporté tardivement deux de mes malades qui avaient guéri de l'opération ; chez d'autres, l'opération a fait éclater l'inflammation qui couvait sourdement dans les reins, et les individus ont rapidement succombé.

Quant à l'infection purulente, il faut déclarer que si elle est fort rare à la suite de la lithotritie périnéale, je l'ai néanmoins observée d'une façon très-nette chez l'un de mes derniers opérés. J'ajouterai que cette complication m'a paru probable chez le malade dont j'ai présenté les pièces à la Société de chirurgie (voy. obs. XXII). Au sujet de ce dernier malade, je rappellerai que l'autopsie démontra l'existence d'un abcès situé en arrière de la vessie. Legouest a pensé que les manœuvres longues de la lithoclastie ont dû être cause de ce phlegmon. Mieux que personne mon savant collègue aurait pu accuser de ce petit méfait l'un des assistants à l'opération. Ce dernier voulait constater par le toucher quel était l'état des parties ; ne trouvant pas le col, il s'efforçait de porter le doigt en haut et en arrière, c'est-à-dire entre le rectum et la vessie. Je dus l'arrêter dans ces recherches peut-être un peu brusques, mais il était trop tard ; déjà il existait une contusion des tissus, laquelle a dû s'enflammer, suppurer et constituer l'abcès rencontré à l'autopsie du malade.

VALEUR COMPARATIVE

DE LA LITHOTRITIE PÉRINÉALE

La lithotritie périnéale touche, par bien des côtés, à l'opération de la taille par le périnée; quelques chirurgiens ont même affirmé que la lithotritie périnéale n'était qu'une taille médiane. Je crois donc circonscrire heureusement l'examen de la valeur comparative de mon opération en mettant en parallèle la lithotritie périnéale et la taille médiane. Quand je parle de la taille médiane, j'entends spécifier cette opération perfectionnée au point de lui accorder l'épithète de taille médiane moderne, suivant l'expression qui a été employée par Bouisson.

Il est bien démontré, par la plupart des faits contemporains, que la taille médiane a, sur les autres tailles périnéales, l'avantage de la simplicité opératoire, en même temps qu'elle assure une guérison peut-être un peu plus rapide; il resterait toutefois à prouver que la taille médiane entraîne moins de nocuité eu égard aux autres procédés de cystotomie. La statistique comparative me paraît difficile à faire entre les diverses espèces de taille, et cela pour des raisons nombreuses. Sans y insister, et pour ne parler que de la taille médiane, même la moderne, je puis affirmer, d'après mon expérience personnelle, que cette opération ne met les opérés à l'abri ni de l'hémorrhagie, ni de l'infection purulente.

Une des grandes séductions de la taille médiane, c'est la facilité remarquable de son exécution ; et, en effet, lorsqu'on met en pratique le procédé du coup de maître de Mareschal, l'extraction de la pierre se fait avec une merveilleuse rapidité. J'ai déjà dit ailleurs que l'incision médiane, faite d'après les règles classiques, voire même en suivant le manuel opératoire mieux précisé et perfectionné que l'on doit à Bouisson, exposait les opérateurs inexpérimentés à blesser le bulbe, surtout si les malades avaient dépassé l'âge adulte. C'est même probablement parce que Bouisson n'a guère opéré que des enfants, que cet habile chirurgien a pu considérer comme insignifiante la blessure du renflement spongieux de l'urèthre.

Pour ce qui est de la lithotritie périnéale, à tous les âges de la vie et en suivant exactement les règles que j'ai tracées pour l'incision, on peut arriver en toute sécurité jusque dans la région membraneuse du canal; le bulbe est nécessairement ménagé.

Lorsque la région membraneuse est ouverte, les

difficultés commencent. Dans la taille médiane, il faut inciser l'urèthre, la prostate et le col de la vessie sans dépasser la zone dangereuse, c'est-à-dire sans intéresser les nombreux plexus veineux qui entourent la prostate et le col de la vessie. L'incision sera insuffisante ou dangereuse, et la solution de cette difficulté sera subordonnée soit à un coup habile de bistouri, coup de maître, soit à l'action moins précise d'un lithotome ouvert à un degré qu'il est difficile de préciser pour tous les cas.

Réunissons toutes les difficultés que je viens d'énumérer, mettons dans la balance les hésitations de l'opérateur consciencieux qui pratique la taille médiane, et nous verrons que l'avantage appartient sans conteste à la lithotritie périnéale. Pour celle-ci, une fois l'urèthre ouvert, le dilatateur développé lentement et méthodiquement produit un résultat opératoire excellent, toujours identique à lui-même. Dans ce cas, rien n'est subordonné à la plus ou moins grande habileté de l'opérateur, on peut négliger l'épaisseur variable du périnée, le développement également variable de la prostate et du col de la vessie.

Je crois, pour ma part, que l'ouverture de la vessie dans la taille médiane se fait facilement et très-rapidement ; mais que cette manœuvre expose à la lésion du bulbe, à celle des veines du pourtour vésical, sans compter certaines artères anormalement développées dans le col de la vessie, et dont la section détermine parfois une hémorrhagie inquiétante. Tous ces accidents immédiats exposent les opérés à des complications tardives : la phlébite et l'infection purulente.

Pour la lithotritie périnéale, l'exécution du premier temps, l'ouverture de la vessie, se fait avec moins de rapidité, moins de brillant, mais avec une sécurité absolue ; pas d'hémorrhagies immédiates ou secondaires, pas de phlébites ultérieures.

Lorsque la vessie est ouverte, si la pierre n'a que de 1 à 2 centimètres de diamètre, on peut l'extraire facilement ; mais s'il s'agit d'un calcul ayant 3 centimètres et au delà, l'extraction entraîne nécessairement une déchirure plus ou moins étendue avec une contusion plus ou moins profonde du col de la vessie. Je sais très-bien, et cela par expérience, que la taille médiane permet de sortir de gros calculs ; j'ai guéri des malades dont la pierre avait jusqu'à 6 et 7 centimètres de diamètre. Néanmoins ces succès ne doivent pas faire négliger les grands principes de l'art : le devoir des chirurgiens consiste à offrir à leurs opérés les plus grandes chances de guérison, en livrant le moins possible les résultats au hasard.

C'est pour ces raisons, que je pourrais développer longuement, que je préfère ériger en principe la nécessité absolue de la lithoclastie. La fragmentation des calculs est de règle, toutes les fois que la pierre ne

peut sortir facilement chargée dans une petite tenette
à enfants.

Continuant donc la comparaison entre la taille médiane et la lithotritie périnéale, je dis : oui, la taille
médiane permet une extraction brillante et rapide; il
faut néanmoins préférer à cette manœuvre, et cela
dans l'intérêt des malades, la fragmentation des pierres
et une extraction longue, parfois même laborieuse.

Ce parallèle entre les deux opérations, eu égard au
dernier temps, l'extraction du calcul, serait tout à l'a-
vantage de la taille médiane, si les chirurgiens n'avaient
à leur disposition l'anesthésie. Cette précieuse ressource permet de prendre en moyenne considération
la durée plus ou moins grande des opérations. Si les
malades devaient subir les douleurs qu'entraîne la
fragmentation de la pierre et celles qui accompagnent
l'extraction des débris calculeux, il faudrait évidemment renoncer à la lithoclastie; mais, ne l'oublions
pas, nous avons le chloroforme.

Sous le rapport de la durée de la maladie et de la
cicatrisation plus ou moins prompte, je n'ai rien à dire
de précis. La taille médiane a procuré des guérisons
rapides, des réunions dites par première intention ; la
lithotritie périnéale a donné des résultats au moins
aussi satisfaisants, et je crois être équitable en disant
que cette opération ne le cède en rien, sous ce rapport,
à la taille de Marianus.

Je ne dirai rien de la mortalité comparative après la lithotritie périnéale et après les divers procédés de taille. Pour ce qui est de la taille médiane en particulier, cette opération a procuré à Bouisson de beaux et fréquents succès, relativement au nombre assez restreint des opérations. La lithotritie périnéale a, entre mes mains, guéri une proportion considérable des opérés, et je crois qu'elle peut encore supporter la comparaison sous le rapport si important de la nocuité.

Je n'oserais, pour ma part, risquer un parallèle entre la lithotritie périnéale et la lithotritie par les voies naturelles ; c'est cependant une question qui pourrait être débattue plus tard, si les chirurgiens se décidaient enfin à pratiquer et à soumettre au contrôle de leur expérience l'opération que je préconise.

Pour les petites pierres, celles de 1 et même de 2 centimètres de diamètre, la lithotritie périnéale se trouve de beaucoup simplifiée. En effet, une fois le col dilaté, on peut extraire directement la pierre, et le temps si laborieux de la lithoclastie se trouve supprimé. Dans ces conditions exceptionnelles que j'ai rencontrées deux fois, et je fais ici allusion aux observations XXI et XXII, on peut affirmer que la cure est rapide ; l'opération est si simple, que dès le second jour, la plaie périnéale est agglutinée.

Loin de moi la pensée assurément de rejeter la lithotritie par les voies naturelles ; mais si dans les cas

simples, petite pierre avec organes sains, la comparaison peut, à la rigueur, être osée entre les deux opérations, c'est pour les cas douteux, pierres moyennes,
organes plus ou moins enflammés, malades ayant
dépassé cinquante ans, que la comparaison est possible
et même autorisée.

J'ai guéri beaucoup de calculeux avec la lithotritie
ordinaire, plus de cent, mais je sais très-bien que
plusieurs des malades placés dans la catégorie que
je viens de spécifier sommairement, ont dû leur guérison à un concours de circonstances heureuses. Beaucoup de ces malades ont traversé des accidents graves,
répétés ; leur état a parfois inspiré des craintes sé-
rieuses, et je n'hésite pas à penser, d'après mon expérience, que certains de ces opérés eussent guéri plus
sûrement, plus rapidement avec la lithotritie périnéale.

Quant aux mauvais cas, ainsi que les appellent les
chirurgiens, hommes âgés, organes enflammés, grosses
pierres dures, ils sont toujours mauvais. La lithotritie
est absolument mise de côté, et il reste la lithotritie
périnéale qui supporte la comparaison avec tous les
procédés de la cystotomie.

La lithotritie périnéale conserve sur les divers procédés de taille l'avantage incontestable d'être une opération qui expose moins les individus aux dangers
d'un trop grand traumatisme. Il y a un bon nombre
de calculeux qu'il ne faut pas opérer, et la détermina-

tion de ces cas sera toujours difficile. Sur les limites de l'indication opératoire, il y a quelques malades qu'on peut encore essayer de guérir; dans ces circonstances toujours graves, la lithotritie périnéale intervient avantageusement, je le crois du moins.

J'ai déjà parlé de la longueur relativement grande de l'opération, et je considère comme un reproche fondé qu'on pourrait adresser à la lithotritie périnéale la durée que nécessite son exécution. Il y a des inconvénients à faire séjourner trop longtemps des instruments dans la vessie, et la multiplicité des manœuvres n'est certainement pas sans danger. L'habitude permettra de simplifier les choses et d'abréger par conséquent la durée des opérations; je suis, quant à moi, parvenu à diminuer de plus de moitié le temps que j'employais jadis à débarrasser mes malades.

Diverses objections peuvent encore être adressées à la lithotritie périnéale, et loin de vouloir les dissimuler, je les signale à l'attention des chirurgiens. Il en est une, importante, qui nuira longtemps à la vulgarisation de la méthode, c'est la difficulté trop réelle de l'exécution. Personnellement, je n'avais pas tout d'abord songé à cet obstacle ; mes expériences multipliées m'avaient fait acquérir une certaine habitude, et je considérais la lithotritie périnéale comme une manœuvre assez facile. Dans ces derniers temps, j'ai pu me convaincre, en assistant à trois opérations, que la manœuvre pouvait se compliquer beaucoup entre certaines mains moins habituées.

Dans un cas grave, l'opérateur dut renoncer à son entreprise, et les choses étaient telles du côté du périnée que je dus, à la demande de mon confrère, abréger en terminant par une taille médio-bilatérale. Des tentatives nombreuses et infructueuses d'introduction du dilatateur avaient occasionné plusieurs fausses routes ; déjà l'opération durait depuis un certain temps, il fallait terminer ; je donnai la préférence à la manœuvre la plus rapide.

Ce fait malheureux a servi à nous démontrer que, dans les cas d'insuccès, alors qu'on aura déjà dilaté le col de la vessie, les opérateurs auront néanmoins encore à leur disposition les ressources de la taille périnéale. Dans l'observation D... (voy. p. 142), il est également démontré qu'une lithotritie périnéale abandonnée par suite d'un accident imprévu fut, séance tenante, suivie d'une taille bilatérale qui permit l'extraction du calcul.

Les difficultés d'exécution que comporte la lithotritie périnéale n'ont point échappé à la sagacité du docteur Rousseau. Il dit, en effet, dans la lettre publiée par la *Tribune médicale*, lettre dont j'ai déjà eu l'occasion de parler plus haut : « Je sais bien que la lithotritie périnéale aura d'abord contre elle les chirurgiens auxquels elle donnera des insuccès. C'est une opération délicate, difficile, qui occasionnera quelques mécomptes opératoires. »

A l'occasion des difficultés, des mécomptes dont parle Rousseau, je dois m'arrêter un instant sur une opération de lithotritie périnéale qui a été exécutée avec insuccès à l'hôpital Saint-Antoine (voy. *Bull. de la Société de chir.*, 1870, p. 26). Les résultats de cette opération ont été communiqués à la Société de chirurgie; j'assistai, ainsi que mon collègue Tillaux, à cette tentative opératoire, je puis donc en parler, commenter l'observation et préciser l'impression qui m'en est restée.

L'opération, pratiquée devant un public nombreux, a été publiée ; je crois cependant devoir apporter quelques rectifications à la narration de mon jeune collègue. Il a d'abord été évident, pour toutes les personnes présentes, que le chirurgien ne connaissait pas suffisamment les manœuvres dont l'ensemble constitue l'opération. Il est donc regrettable que l'observation ne mentionne pas d'une façon plus précise les difficultés qu'a rencontrées l'exécution des divers temps.

L'opérateur a tellement hésité dans la recherche du cathéter, qu'il lui a fallu plus d'une demi-heure pour ponctionner l'urèthre. L'autopsie a démontré que, dans les nombreuses tentatives d'ouverture, le bistouri avait intéressé la partie latérale du bulbe; ce qui fait voir que le chirurgien, un peu ému des difficultés qu'il rencontrait, avait négligé de maintenir toujours son couteau exactement sur la ligne médiane.

Le deuxième temps, c'est-à-dire la dilatation et la formation du trajet périnéo-vésical, a encore été très-imparfaitement exécuté. Après quelques tentatives infructueuses, j'ai dû, personnellement, introduire le dilatateur pour exécuter la dilatation, et le chirurgien n'a repris la direction des manœuvres que lorsque j'eus largement ouvert le col de la vessie.

On pouvait alors introduire les tenettes et broyer la pierre, c'est-à-dire exécuter le troisième temps de la lithotritie périnéale. L'opérateur ne fut pas plus heureux que précédemment, et ce fut encore moi qui dus saisir le calcul et en opérer le morcellement, grâce toutefois au concours musculaire de Tillaux. L'écrasement du calcul fut très-long et très-difficile, chacun y mit successivement la main, ce qui, certes, n'abrégea pas la durée de l'opération.

Dans cette circonstance, nous avons employé un casse-pierre dont les cuillères sont concaves ; on pouvait ainsi fragmenter le calcul et extraire tout de suite de nombreux débris contenus entre les deux branches. L'autopsie nous a démontré que l'instrument, ainsi engorgé par des fragments plus ou moins aigus, avait déchiré le col de la vessie. Le but de la lithotritie périnéale, c'est-à-dire l'extraction de la pierre, le col restant intact, n'avait donc pas été atteint. Il a été bien évident pour moi qu'il fallait désormais ne plus employer les tenettes concaves, et qu'on devait s'en tenir au casse-pierre dont je me sers ordinairement.

Sans vouloir discuter tous les points qui se rattachent à cette grave opération, sans vouloir rechercher quelles ont été les causes de la mort, etc., je me contenterai de faire remarquer que l'opération, déjà si difficile en elle-même eu égard aux dimensions extraordinaires de la pierre, a été grandement compliquée, d'une part, par le défaut de connaissances qu'apportait l'opérateur, d'autre part, par l'emploi d'instruments imparfaits.

Tous ceux qui ont fait de la chirurgie savent combien une opération, quelle qu'elle soit, se complique lorsqu'il faut que le chirurgien abandonne la direction générale des manœuvres. Une opération exécutée par plusieurs chirurgiens cesse de présenter cette harmonie qui est si utile au succès définitif. On m'accordera que, dans ces conditions, il y a des pertes de temps incessantes, il y a des tâtonnements fâcheux qui se renouvellent chaque fois que l'instrument change de mains. J'ajouterai que pour l'opéré de Saint-Antoine, il y a eu une perte de temps considérable, qu'on peut rattacher certainement à l'administration peu méthodique du chloroforme.

Toutes les circonstances que je viens de rappeler

font comprendre pourquoi l'opération dura près de deux heures et demie, et l'on est autorisé à supposer que la lithotritie périnéale, conduite par un opérateur plus exercé, eût pu donner dans le cas particulier un succès, malgré le volume et la dureté d'un calcul qui ne pesait pas moins de 131 grammes.

J'ai encore à entretenir le lecteur de plusieurs objections dont est passible la lithotritie périnéale. Je rappellerai qu'un des reproches importants qu'on ait faits à la lithotritie ordinaire, c'est d'exposer les opérés à conserver dans leur vessie un ou plusieurs fragments qui, par la suite, pourraient devenir l'origine d'une nouvelle pierre. L'objection est fondée, et il n'est pas rare de constater que des opérateurs peu habitués, que des chirurgiens trop pressés d'en finir, ont laissé par mégarde quelques fragments calculeux. La plus célèbre de ces observations est, sans contredit, celle du feu roi des Belges. La cure semblait complète après un certain nombre de séances de lithotritie ; cependant, le malade affirmait que diverses sensations pénibles devaient avoir pour raison d'être quelque fragment oublié dans la vessie. L'opérateur perdit patience, ne voulut pas multiplier les recherches autant que le désirait le malade, et c'est dans ces conditions que Thompson fut appelé.

Cet habile chirurgien put compléter la guérison du
roi, en détruisant un fragment assez volumineux que
Civiale avait laissé dans la vessie.

Nul doute que le chirurgien français n'eût trouvé
ce fragment, si de certaines préoccupations ne l'eussent détourné de nouvelles explorations. Il perdit ainsi
une belle occasion d'affirmer, une fois de plus, sa rare
habileté; c'est la seule fois peut-être que la lithotritie
ait été pratiquée pour une tête couronnée, et le mérite
de la cure revient équitablement à Thompson.

La lithotritie a triomphé depuis longtemps de l'objection qu'on lui adressait à ses débuts ; l'expérience
a, en effet, démontré que la plupart des opérés est
complétement débarrassée de la pierre par les manœuvres successives du broiement. Le plus ordinairement, il n'est pas nécessaire pour comprendre les
récidives de supposer que l'opérateur avait pu laisser
un débris quelconque dans la vessie de son malade ;
les lésions préexistantes suffisent à expliquer la reproduction du calcul.

L'idée de la persistance possible de fragments calculeux dans la vessie, à la suite de la lithotritie périnéale, doit également se présenter à l'esprit des
critiques. Il est, en effet, impossible d'affirmer qu'a-
près la fragmentation d'une pierre par le trajet périnéal,
il ne restera pas dans la vessie un ou plusieurs fragments capables d'entraîner une récidive du mal. Je

crois devoir aller au-devant de cette objection ; on peut la soulever à l'occasion de la lithotritie périnéale, comme on l'a fait tant de fois pour la lithotritie ordinaire. Nous venons de le dire, la chose n'est point impossible, mais il est toujours bon de vérifier ce que la théorie fait pressentir ; l'hypothèse doit toujours s'incliner devant les faits.

Dans la question des fragments oubliés après la lithotritie périnéale, c'était à l'expérience clinique de prononcer. Je vais donc exposer succinctement ce que j'ai pu observer à ce sujet.

Il est certain que j'ai laissé plusieurs fois des débris calculeux dans la vessie de mes opérés ; ceux qui portaient des calculs phosphatiques ont été principalement exposés à ce contre-temps. Il est, en effet, difficile d'extraire avec certitude tous les grains qui résultent de l'écrasement d'une pierre friable, soit de phosphate de chaux, soit de phosphate ammoniaco-magnésien. Chez le malade que j'opérai, par exemple, à l'Hôtel-Dieu en 1865, j'avais mis tous mes soins à bien évacuer les nombreux débris calculeux, et cependant, à l'autopsie, j'ai pu constater que la vessie contenait encore plusieurs grains phosphatiques.

Plusieurs de mes opérés ont rendu, dans les jours qui suivirent la lithotritie périnéale, un nombre variable de débris calculeux ; quelques-uns ont même expulsé soit par la plaie, soit même par l'urèthre, de véritables fragments durs, anguleux, qui résultaient de la lithoclastie. Chez un de mes malades, la guérison de la fistule périnéale ayant tardé à se produire, j'ai pu me convaincre que la persistance du trajet tenait à la présence de plusieurs débris phosphatiques; il a suffi d'extraire ces corps étrangers pour voir la plaie se fermer définitivement. La guérison du malade a, du reste, persisté pendant plusieurs années, et il y a tout lieu de supposer qu'elle est actuellement définitive (voy. obs. VI).

Ainsi, d'une part, l'autopsie a démontré que l'opérateur pouvait oublier, dans la vessie, des débris calculeux; d'autre part, l'observation clinique constate que plusieurs des malades ont rendu, consécutivement à l'opération, un nombre variable de fragments.

L'objection de la persistance des fragments calculeux, après la lithotritie périnéale, est donc fondée; la théorie l'indiquait et l'expérience a démontré la réalité du fait. Voyons cependant si l'objection a une valeur absolue, et si elle est de nature à faire hésiter dans l'emploi d'une opération qui a déjà fourni un nombre respectable de succès.

Plusieurs de mes opérés, un tiers peut-être, ont, comme je l'ai déjà dit, rendu plus ou moins vite après l'opération des débris calculeux, tantôt de la poussière, tantôt des fragments assez volumineux. Le plus grand nombre de ces opérés a guéri, et nous ne comptons, après un temps variable, plusieurs mois et plusieurs années, nous ne comptons, dis-je, qu'une seule récidive.

Dans l'observation à laquelle je fais allusion en ce moment, et que, pour ce motif, nous allons reproduire (p. 131), il a été bien démontré que la cystite pouvait persister après la guérison rapide d'une pierre vésicale et que, par conséquent, il ne suffisait pas de faire sortir le calcul pour que les lésions de l'appareil urinaire cessassent nécessairement et surtout complétement. Dans ce cas particulier, la cystite ayant persisté, il y a eu production de mucosités et de grains phosphatiques, c'est-à-dire tous les éléments nécessaires à la formation d'un calcul secondaire. On verra, en lisant cette observation, que la récidive ne peut être attribuée à la persistance d'un fragment calculeux oublié pendant l'opération.

Cette observation démontre également, et c'est là un fait important, qu'après la lithotritie périnéale, l'état du col vésical et de la partie profonde de l'urèthre est telle, que le cathétérisme est des plus simples, que l'introduction du lithoclaste ne rencontre aucune difficulté, enfin que la lithotritie est possible.

On aurait, en effet, pu supposer qu'après la dilatation du col, précédée elle-même de la déchirure méthodique de l'urèthre, les parties pouvaient se cicatriser aux dépens de la libre perméabilité des voies urinaires ; or, il n'en est rien. L'ensemble des faits nous conduit à admettre que, consécutivement à la cure par la lithotritie périnéale, les organes intéressés récupèrent les conditions de leur existence physiologique ; l'urèthre ne présente pas de rétrécissement cicatriciel ; le col de la vessie retrouve ses propriétés, il est apte à toutes les fonctions qui lui incombent à l'état normal.

L'observation récente du docteur B... vient encore confirmer l'intégrité des voies urinaires après la guérison de la lithotritie périnéale.

OBSERVATION.

Calcul volumineux d'acide urique ; lithotritie périnéale ;
guérison.

M. P..., soixante-deux ans, nous a été adressé au mois de janvier 1871, pendant le siége de Paris, par le docteur Dujardin-Beaumetz.

Il s'agit d'une dysurie très-ancienne, offrant tous les caractères d'une affection calculeuse de la vessie. La santé générale est profondément altérée et le malade présente un amaigrissement et une faiblesse qui ne lui permettent plus guère de quitter son lit ; il a, du reste, les voies digestives en fort mauvais état.

L'exploration méthodique des voies urinaires démontre que le canal est libre, que la prostate est indurée, et que la vessie, d'ailleurs très-intolérante, renferme un calcul mobile assez volumineux et certainement très-dur.

Après quelques jours de préparation, nous acquérons la certitude que la vessie ne s'accoutume pas à la manœuvre simple des injections ; une tentative pour constater les dimensions de la pierre, reste infructueuse et s'accompagne d'un accès de fièvre.

Bien convaincu que la lithotritie serait, dans ce cas, fort difficile à exécuter, que la cure exigerait plusieurs séances, et que la santé du malade serait fort compromise par des tentatives multipliées, nous proposons à M. P... de subir la lithotritie périnéale; ce qu'il accepte volontiers, après avoir pris l'avis des docteurs Beaumetz, Sarret et Duparcque.

L'opération n'a rien présenté d'extraordinaire; elle a été facilement exécutée dans l'espace de trois quarts d'heure. Il s'agissait d'un calcul d'acide urique ayant la forme d'un disque plat ; nous estimions que ce calcul avait de 5 à 6 centimètres de diamètre, mais que son épaisseur ne dépassait pas 2 centimètres.

Le premier jour, réaction salutaire, pas de frisson, pouls à 90, quelques nausées produites par le chloroforme ; un peu de sommeil.

Les jours suivants se passent sans accidents, le malade s'alimente et digère assez bien. La dysurie a complétement cessé et aucune douleur ne vient troubler la quiétude de l'opéré.

Dès le premier jour, les urines ont traversé le canal et, au dixième jour, rien ne passait plus par la plaie. Dans l'espace des deux premiers jours, quatre petits grains de pierre sont sortis par la plaie, mais sans aucune douleur.

Le malade a toujours conservé la faculté de retenir ses urines : il ne les rendait que volontairement sur un bassin plat, quand le besoin s'en faisait sentir.

A la fin de la première semaine, M. P... se levait dans son fauteuil, quoique la plaie ne fût pas encore cicatrisée ; dans cette situation assise, tout le liquide sortait par le méat.

Il faut noter deux selles hémorrhagiques provenant d'un flux hémorrhoïdaire qui a coïncidé avec le troisième jour de l'opération.

Le douzième jour, le malade garde ses urines trois heures, tous les phénomènes pénibles ont cessé. L'appétit est excellent, la plaie est réduite à une petite surface granuleuse de 7 à 8 millimètres d'étendue.

Le quatorzième jour, la plaie est complétement fermée, la miction est facile. Le malade garde ses urines quatre et cinq heures ; l'appétit est soutenu et les digestions bonnes ; toutefois, on remarque une anémie profonde qui se traduit par de la faiblesse des jambes et par un peu d'œdème de ces parties. Il demeure évident que M. P... est un malade épuisé depuis de longues années, et qu'il lui faudra bien des mois pour récupérer une santé parfaite.

Bientôt après, le malade partait pour la campagne, ne conservant qu'un peu de faiblesse.

Dans les mois qui ont suivi, les urines ont parfois été troubles, on a remarqué certains phénomènes de cystite.

Au mois de juillet, le malade se plaignait à nouveau de souffrir en urinant; les urines étaient troubles; il lui arrivait parfois de rendre un peu de sang lorsqu'il marchait trop longtemps.

Au mois d'août, la sonde ayant révélé l'existence d'une nouvelle pierre, nous entreprenons de la détruire par les voies naturelles. En effet, le cathétérisme est des plus simples, et la vessie pouvant conserver les urines pendant deux heures, on pourra se dispenser de l'injection préalable.

Quatre séances, espacées les unes des autres de cinq à six jours, ont permis de débarrasser complétement le malade.

Il s'agissait cette fois d'une pierre phosphatique; nous avons, le docteur Beaumetz et moi, examiné tous les débris calculeux avec le plus grand soin, pour voir si cette nouvelle pierre n'aurait pas pour cause un fragment oublié lors de la première opération. Nous n'avons pu trouver aucune trace d'acide urique, et nous avons acquis la certitude que c'était bien une pierre secondaire développée sous l'influence d'une cystite ayant persisté après la lithotritie périnéale.

La cure a été encore cette fois parfaite, et pour mettre autant que possible le malade à l'abri d'une récidive, nous l'avons envoyé à Contrexéville, et nous lui avons recommandé de faire usage, soir et matin, de la sonde molle.

Il y a une trentaine d'années, on adressait un grand reproche à la taille périnéale : on disait que les malades n'échappaient à cette grave opération que pour être menacés consécutivement d'impuissance et de stérilité. On a beaucoup exagéré, suivant moi, ce grief envers la cystotomie ; les procédés qu'on peut appeler modernes ont mis les opérés, sous ce rapport du moins, à l'abri des inconvénients qu'entraînaient les anciennes manières de traiter les calculeux.

Dupuytren a beaucoup insisté sur les avantages de la section bilatérale, faite suivant son procédé ; il n'a point hésité à dire qu'avec son lithotome, on évitait sûrement la blessure des canaux éjaculateurs. Dans le but de ménager ces mêmes conduits, on a encore préconisé la taille transversale. Enfin, la taille latéralisée faite à gauche respectait au moins le canal spermatique du côté droit.

Malgré tous les perfectionnements apportés à l'opération de la taille, l'influence *que* peut avoir cette grave opération sur les fonctions génératrices a conservé une importance qu'il serait inutile de décliner. Cette tendance du public, et même des médecins, à s'enquérir des fonctions génitales après la taille me paraît une raison suffisante pour insister à mon tour. Je ne crois pas inutile de dire sommairement, pour la lithotritie périnéale, quelles sont les conséquences possibles de l'opération nouvelle, au point de vue des fonctions génératrices.

Pendant les jours qui succèdent à la lithotritie périnéale, rien ne s'observe du côté des organes génitaux. Vers la troisième semaine, et quelquefois même avant, certains opérés ont accusé l'apparition d'érections plus ou moins complètes, et généralement non douloureuses. L'un de mes malades m'a fait la confidence que le dixième jour, il avait eu une pollution nocturne qui n'avait rien présenté d'anormal.

Je puis affirmer que tous mes malades, à l'exception bien entendu de ceux qui avaient dépassé l'âge viril, ont récupéré la faculté d'avoir des érections, et que, par conséquent, ils sont restés puissants.

Si j'en crois les confidences qui m'ont été faites, je signalerai que certains malades, tout en restant puissants, regrettaient la rapidité extrême avec laquelle survenait l'éjaculation. A titre de renseignement, je dirai que l'un de mes malades est, depuis sa guérison, devenu père d'un enfant.

La lithotritie périnéale n'est certainement pas l'occasion d'altérations notables dans les voies génitales ; je n'ai point constaté l'orchite ni d'engorgements d'aucune sorte à la suite de la dilatation du col. Mes expériences sur les cadavres, les deux autopsies que j'ai pratiquées, démontrent que les canaux éjaculateurs demeurent intacts à la suite des manœuvres opératoires.

Je ne veux point insister plus longtemps sur un sujet aussi délicat, à l'occasion duquel les confidences des malades nous renseignent d'une façon toujours si imparfaite. Je crois pouvoir affirmer que la lithotritie périnéale porte moins atteinte aux fonctions génératrices que ne peut le faire la taille périnéale, surtout quand on ne simplifie pas cette dernière par l'emploi de la lithoclastie.

Pour terminer ce mémoire qui n'a, je le répète, d'autre but que de vulgariser une opération que je crois bonne, je dois fournir tous les éléments de jugement qui sont actuellement à ma disposition.

Depuis 1863, époque à laquelle je publiai ma première observation (voy. *Traité de la pierre dans la vessie*), jusqu'en janvier 1872, j'ai exécuté trente fois la lithotritie périnéale. Au mois de décembre 1869, j'ai communiqué à la Société de chirurgie les résultats de ma pratique, en insistant sur ma XXIIe observation : celle-ci avait été suivie d'insuccès, et les pièces pathologiques ont été mises sous les yeux de mes collègues. A cette époque, je disais : tous mes opérés ont guéri, sauf le dernier ; cependant, l'un des sujets de cette première série avait succombé, quoique très-tardivement. Cet homme allait très-bien lorsqu'il fut pris d'une rétention d'urine ; le cathétérisme, exécuté par une main peu habituée, se compliqua de fausse route, suivie elle-même d'une infiltration urineuse avec phlegmon gangréneux de la paroi abdominale, bientôt terminée par la mort.

Par conséquent, la première série de mes opérés se compose de 22 malades, sur lesquels il y a eu 20 succès et 2 morts. On trouvera, à la fin de ce mémoire, le récit de ces 22 observations ; je donne ici une analyse succincte de tous ces faits.

Mes opérés se répartissent de la manière suivante, relativement à l'âge des malades : Une opération chez un enfant de trois ans, 3 opérations sur des sujets de dix à vingt ans, 3 de trente à quarante ans, 4 de cinquante à soixante ans, 11 de soixante à soixante-douze ans. Il y avait donc un seul enfant, 3 adolescents, 7 malades entre trente et soixante ans ; la moitié des opérés avait plus de soixante ans. On le voit, il s'agissait de cas pour la plupart défavorables, eu égard à l'âge des individus.

Quant à la nature des calculs, voici ce que nous

trouvons : 9 calculs phosphatiques, 8 d'acide urique, 4 d'oxalate de chaux, 1 de cystine.

Presque tous ces calculs étaient gros, et dans deux cas, il s'agissait de calculs multiples.

Dans plus de la moitié des cas, la pierre était trop grosse ou trop dure pour permettre raisonnablement l'application de la lithotritie.

Dans plus de la moitié des cas, la lithotritie périnéale a été indiquée, parce que la lithotritie ordinaire n'avait pu être continuée à cause des accès de fièvre.

Chez plusieurs de nos opérés, la lithotritie était impossible, du moins elle eût été très-difficile, à cause des complications organiques : rétrécissements de l'urèthre, engorgements prostatiques avec rétention d'urine, un cas de valvule prostatique énorme, plusieurs cystites intenses.

Dans deux cas, il s'agissait de calculs multiples ; circonstance qui, ajoutée à d'autres contre-indications, nous a fait renoncer à l'emploi de la lithotritie. Un très-jeune enfant a été opéré ; l'indication se trouvait dans l'âge du malade, dans la présence d'une chute grave du rectum, et surtout dans le volume et la dureté excessive de la pierre.

Il suffit de jeter un coup d'œil sur l'ensemble de ces faits pour rester convaincu que la lithotritie périnéale n'a jamais été pour nous une opération de choix, mais bien une opération de nécessité.

A l'origine de mes recherches, et je l'ai dit dans mon livre, je ne proposais la lithotritie périnéale que pour les cas de pierres petites, et alors que la lithotritie ne pouvait pas être appliquée ; je réservais les grosses pierres pour la taille combinée à la lithoclastie. Depuis, j'ai modifié ma manière de voir : j'ai insensiblement agrandi le champ d'application pour la lithotritie périnéale, et aujourd'hui, je puis dire que la lithotritie périnéale peut avantageusement être substituée à la taille, toutes les fois que cette dernière opération réunira les indications qu'elle nécessite.

La tentative qui a été faite à l'hôpital Saint-Antoine démontre bien qu'on peut, par mon opération, avoir raison des calculs les plus volumineux et les plus durs ; mais, dans ces cas extrêmes, l'expérience a surabondamment démontré que le traitement palliatif était celui qui donnait le moins de mécomptes.

Je résume ma pensée, et je dis : il faut faire autant que possible la lithotritie ordinaire ; mais comme, dans bon nombre de cas, il est plus sage d'abandonner cette ressource précieuse, on doit alors renoncer presque absolument à la taille et s'adresser avec confiance à la lithotritie périnéale.

La lithotritie est une opération difficile à bien faire ; la lithotritie périnéale réclame, elle aussi, une certaine habileté et la grande habitude. La taille demeure une opération plus simple, plus facile à exécuter, plus brillante, mais elle est notablement plus meurtrière pour les opérés.

J'arrive maintenant à ma deuxième série d'opérés ; les cas sont moins nombreux, mais les faits sont tous fort instructifs.

Depuis ma communication à la Société de chirurgie (1869), j'ai exécuté 8 fois seulement la lithotritie périnéale ; ce qui porte à 30, ainsi que je l'ai dit, le nombre de mes opérations. Cette seconde série de 8 opérés a donné des résultats qui, au premier abord, paraissent moins satisfaisants : 5 malades ont guéri et 3 sont morts.

Je ne dirai rien des malades qui ont guéri. Il s'agissait, dans tous les cas, de grosses pierres d'acide urique, et les individus avaient tous dépassé l'âge adulte.

J'ai cité plus haut l'observation de l'un de ces opérés, à l'occasion des récidives qui peuvent succéder à la lithotritie périnéale (voy. obs. P..., p. 131).

L'un des opérés guéris appartient au corps médical, et je suis heureux d'enregistrer un nouveau succès dont a bénéficié notre confrère, le docteur B..., un des anciens élèves de mon collègue Lasègue.

Tout dernièrement, Moutard-Martin a bien voulu me prêter son utile concours pour débarrasser un malade qui m'avait été confié par notre maître Nélaton. Nous avons été encore assez heureux pour guérir ce nouveau calculeux ; mais je n'insisterai pas davantage, car je veux surtout m'occuper des insuccès.

Le premier malade dont j'ai à parler a été la victime d'une de ces mésaventures qu'il est toujours regrettable d'avoir à enregistrer. La mort de cet opéré peut, en grande partie, être attribuée à l'emploi d'un instrument qui nous fut livré prématurément, avant d'avoir subi l'épreuve de la trempe. Voici, brièvement, l'histoire de ce malade :

OBSERVATION.

Calcul volumineux d'acide urique ; lithotritie périnéale ; mort.

M. D..., âgé de soixante-six ans, très-vigoureux, me fut adressé, au commencement de 1870, par mon excellent collègue Marjolin, pour être opéré par la lithotritie périnéale.

L'indication était, du reste, formelle ; le malade souffrait énormément, et il avait la pierre depuis un grand nombre d'années. Longtemps méconnue, cette affection avait été constatée par notre confrère Philips. Diverses tentatives de lithotritie avaient toutes été infructueuses ; dans la dernière séance, le calcul avait pu être saisi, mais il avait résisté aux efforts d'un brise-pierre à levier.

Le malade souffrait énormément, je l'ai déjà dit ; il n'y avait pas de complication apparente, et mon opération devait, dans ce cas, fournir un nouveau succès. Il n'en fut cependant point ainsi, car le malade succombait cinquante heures après l'opération. Disons immédiatement qu'il succombait aux suites d'une taille devenue nécessaire, et bien justifiée d'ailleurs par des complications imprévues.

Voici, brièvement, la circonstance qui vint compromettre la situation du pauvre opéré. J'avais, pour ce cas particulier, fait construire un casse-pierre capable de réduire le calcul dont la densité devait être considérable. Le fabricant, un peu pressé par le temps, promit l'instrument à jour fixe, avec la réserve que cette tenette serait livrée sans être polie ; et, en effet, le jour de l'opération, je reçus un casse-pierre très-bien exécuté, mais encore noirci par le feu. Voici maintenant ce qu'il en arriva :

Le col de la vessie fut promptement et facilement dilaté, puis, pour fragmenter le calcul, j'introduisis successivement la tenette Lüer et mon gros lithoclaste à pignon. Il fut impossible de saisir la pierre, qui était grosse et d'une dureté considérable. J'introduisis alors la nouvelle tenette dont j'ai parlé plus haut ; à ma grande satisfaction, le calcul fut immédiatement saisi, et je sentis qu'il éclatait. Je voulus alors sortir le casse-pierre, mais je ne pus y réussir ; j'éprouvais, au col de la vessie, une résistance imprévue. Diverses tentatives d'extraction furent nulles, et il devint évident que l'instrument avait dû éprouver une avarie quelconque.

Dans la nécessité où j'étais de terminer, je dus recourir à une extraction de vive force ; ce résultat fut obtenu et nous pûmes vérifier ce qui s'était passé. La tenette n'avait point été trempée, elle était forcée ; une de ses branches se trouvait luxée en dehors, si bien que, dans l'extrême rapprochement, les mors de la tenette offraient encore entre eux un écartement de 4 centimètres.

Le col étant certainement déchiré, l'opération était ainsi fatalement compliquée ; aussi me parut-il plus sage de faire immédiatement l'extraction du calcul. J'introduisis dans la vessie un lithotome double, je l'ouvris à 45 millimètres, et je fis la section bilatérale du col de la vessie. La pierre fut chargée tout de suite avec ma tenette à crochet ; toutefois, l'extraction fut encore laborieuse, à cause même des dimensions considérables du calcul.

Il n'y eut pas d'hémorrhagie, mais le malade, déjà fatigué par le chloroforme, demeura plongé dans une sorte de torpeur dont il fut impossible de le faire sortir. Les urines se supprimèrent complétement, et quand la mort survint, cinquante heures après l'opération, on pouvait constater les phénomènes annonçant l'imminence d'une gangrène de la profondeur du périnée.

Deux autres malades ont également succombé après avoir subi la lithotritie périnéale. Dans ces deux cas, l'insuccès doit être mis sur le compte de la néphrite, car il n'y a pas eu, à proprement parler, d'accidents opératoires.

Ces deux faits malheureux doivent néanmoins porter leur enseignement. L'observation démontre que, dans l'un et l'autre cas, la tentative opératoire a eu pour résultat de faire éclater un ensemble pathologique dont les lésions préexistaient.

Ces deux faits montrent bien que, lorsque l'affection calculeuse est ancienne, et qu'elle s'accompagne de lésions du côté des reins, la lithotritie périnéale peut, comme la taille elle-même, amener une perturbation qui donne, en quelque sorte, le coup de fouet; l'intervention précipite les malades vers une terminaison funeste, à laquelle ils étaient d'ailleurs condamnés dans un temps plus ou moins prochain.

Le premier de ces opérés était un vieillard, encore très-vigoureux, âgé de soixante-dix ans. M. C... était au lit depuis trois ou quatre mois, en traitement par la lithotritie. Quatre séances de broiement avaient été exécutées, mais de nombreux accès de fièvre, avec des signes évidents de néphrite, avaient fait suspendre tout traitement.

C'est dans ces conditions, si défavorables, que le docteur Caudmont me fit appeler; il désirait offrir à son client la ressource d'une opération nouvelle. Le cas était mauvais, et quand je vis le malade, il était encore couvert d'une sueur abondante et en proie à un mouvement fébrile très-notable.

Néanmoins ce vieillard paraissait très-énergique, et je ne voulus point opposer un refus absolu aux insistances que m'adressait sa famille. Je consentis donc à compromettre, c'est le mot, la lithotritie péri-néale, pour offrir au patient une chance, quelque petite qu'elle pût être, d'échapper aux accidents qui devaient fatalement le conduire à la mort.

L'opération, exécutée avec l'assistance des docteurs Caudmont et Raymond, fut simple et l'extraction de deux petits calculs fut rapidement terminée. Il n'y eut point d'hémorrhagie, mais ce traumatisme fut l'occasion de nouveaux accès de fièvre qui se répé-tèrent durant une semaine, et qui entraînèrent fina-lement la mort.

Le malade ne souffrit plus dès le lendemain de l'opération, les urines coulèrent librement et en grande partie par les voies naturelles ; quant à la néphrite qui préexistait, de l'avis unanime des consultants, loin d'être calmée par l'opération, elle subit une exa-cerbation qui devint funeste au patient.

Il ne m'est resté aucun regret d'avoir opéré ce ma-lade, en quelque sorte *in extremis*. La seule faute que je puis avoir commise dans cette circonstance, c'est peut-être de n'avoir pas assez songé à la réputation d'une opération encore peu connue et d'avoir exposé la lithotritie périnéale à un jugement sévère alors qu'il s'agissait d'un insuccès prévu.

Le second malade, dont il est ici question, était un homme de cinquante-six ans.

M. L… souffrait depuis bien des années, il était très-fatigué, se traînait pour ainsi dire en marchant ; aussi paraissait-il beaucoup plus âgé qu'il ne l'était réellement. Ce calculeux était en proie à une dyspepsie ancienne de cause urémique ; le rein du côté gauche était sensible à la pression, et chaque fois que le malade était sondé, un frisson suivi de douleurs bien localisées, indiquait que l'organe sécréteur de l'urine devait être le siége d'altérations importantes. La pierre était dure, formée d'acide urique ; elle mesurait 7 centimètres dans son grand diamètre.

Dans ce cas grave, je crus sage de prendre l'avis du professeur Denonvilliers. Ce savant maître éloigna tout de suite l'idée de recourir à la lithotritie, et il se rattacha à l'opinion qu'il fallait débarrasser le malade en une seule séance. Il déclara que le cas lui paraissait défavorable, mais que, néanmoins, on devait intervenir, car l'opération lui paraissait indispensable.

Le malade accepta la lithotritie périnéale, qui fut pratiquée dans le courant de novembre 1871. J'ai rarement exécuté avec plus de bonheur, plus de ré-

gularité, une opération qui ne pouvait être facile à
cause du volume et de la dureté excessive de la pierre.
Les suites furent d'abord très-simples, mais le malade,
dont le pouls était à 90 avant l'opération, prit tout de
suite une fièvre continue avec élévation de la température ; on comptait 110 pulsations au moins.

Vers la fin du premier jour, une rétention complète
des urines nécessita l'application d'une sonde à demeure dans l'urèthre.

Le second jour, la sonde fut enlevée, les urines
coulèrent facilement, et n'eût été la fréquence du
pouls, la chaleur à la peau et la sécheresse de la
langue, on eût pu croire, avec l'entourage du malade, que tout allait pour le mieux.

Le troisième jour, un frisson violent marqua le
début d'accidents urémiques à marche rapide ; le
malade succombait cinq jours après avoir été opéré.

Il nous a paru que, dans ce cas, la néphrite avait
pris un développement aigu sous l'influence même
du traumatisme opératoire ; cependant, la présence
de douleurs dans des articulations différentes nous
porte à supposer qu'un certain degré de pyohémie
s'était ajouté aux accidents urémiques.

Les deux cas que nous venons de relater succinctement, et dans lesquels l'opération a été plus nuisible
qu'utile, ne doivent pas être interprétés d'une façon

exclusive. L'intervention chirurgicale a certainement précipité le dénoûment d'un état pathologique incurable; mais il ne faudrait pas conclure que l'abstention doit être la règle, lorsque l'affection calculeuse se trouve compliquée d'un degré plus ou moins apparent de néphrite. Le plus souvent, les lésions rénales peuvent être soupçonnées; ordinairement il est difficile d'en préciser exactement l'importance; aussi l'indication opératoire est-elle toujours, dans ce cas, très-indécise.

J'ai guéri, pour ma part, des malades qui, certainement, avaient de la néphrite (voy. obs. **XIX**), et tout en recommandant la réserve la plus grande en pareille occurrence, je ne saurais conseiller l'abstention absolue. Je crois que l'on peut essayer quand le patient est encore jeune, quand il a le désir d'être débarrassé, et quand, surtout, les douleurs vives viennent constituer une indication qu'on a peine à éluder. Il est difficile d'abandonner à eux-mêmes certains calculeux, quoiqu'il faille s'y résigner parfois.

Lorsqu'on croit devoir intervenir dans ces cas défavorables, je pense que la lithotritie périnéale offre au moins autant de chance que la taille, car il est impossible d'admettre, ainsi que je l'ai cependant entendu soutenir, que la section du col de la vessie avec un lithotome, soit une occasion favorable de dégorgement pour tout l'appareil urinaire, et spécialement pour les reins. Ai-je besoin de rappeler que, chez les calculeux urémiques, les hémorrhagies sont très à redouter ; or, la lithotritie périnéale n'expose point les opérés à cette complication fâcheuse.

Je rapporterai ici, en quelques mots, l'observation d'un malade que j'ai été opérer à la Maison de santé. Cet homme a guéri, mais il n'a pas tardé à succomber à l'épuisement et à des accidents qu'il a été facile de rattacher à une ancienne néphrite.

OBSERVATION.

Calcul volumineux d'acide urique ; tentatives de lithotritie ; lithotritie périnéale ; guérison temporaire.

M. X..., habitant le département du Loiret, fut adressé à Demarquay, au commencement de 1870, par le docteur Devade (de Gien). Lorsque je vis ce malade, il y avait déjà six semaines qu'il était à la Maison de santé, et il avait déjà subi, sans résultat, plusieurs tentatives de lithotritie. C'était un homme approchant de soixante-trois ans, très-maigre, fatigué de souffrir et en proie à une dyspepsie persistante. Mon collègue Demarquay voulut bien m'inviter à opérer ce calculeux, et le 30 janvier 1870, en présence de plusieurs médecins de la ville, je pratiquai la lithotritie périnéale.

L'opération ne présenta rien de particulier, elle fut

assez rapidement exécutée, et je pus réunir 53 grammes de fragments d'une pierre d'acide urique.

Le soir qui suivit l'opération, le malade fut très-tourmenté par un ténesme vésical, et quoiqu'il rendît ses urines par le périnée, l'interne de garde crut devoir pratiquer le cathétérisme. D'après ce qui m'a été dit, la sonde ne put pénétrer jusque dans la vessie ; les tentatives furent longues et pénibles, il en résulta un écoulement assez notable de sang par l'urèthre.

Les jours suivants, les choses marchèrent régulièrement, mais bientôt la fausse route fut suivie d'un petit phlegmon urineux dans l'épaisseur du scrotum. Cet accident nécessita des incisions ; néanmoins, le malade avait cessé de souffrir de sa pierre, et la plaie marchait, quoique lentement, vers la guérison.

Je n'ai pu suivre ce malade jusqu'à la fin ; j'ai su qu'après plusieurs semaines, il était tombé dans une sorte de marasme dont rien ne put le tirer. Quoi qu'on fît, ce pauvre homme, absolument privé d'appétit, ne put reprendre ses forces, et on l'engagea, comme dernière ressource, à rentrer dans son pays.

La dyspepsie rénale n'a pas cédé au changement d'air, et le malade a succombé environ trois mois après l'opération qu'il avait subie.

Je termine ici mon mémoire sur la lithotritie périnéale ; c'est un travail qui m'a donné beaucoup de peine, et j'espère qu'il sera utile à ceux qui ont le souci de guérir les calculeux. Qu'on ne fasse pas de confusion : l'opération de la lithotritie périnéale n'est pas destinée à remplacer la lithotritie. Loin de vouloir substituer une autre opération à la lithotritie, cette belle conquête chirurgicale d'origine toute française, j'ai le désir d'agrandir le domaine de la lithoclastie et de restreindre les applications de la lithotomie. Reste l'indication des méthodes et procédés ; ceci ne peut guère se formuler : le choix à faire ressortira de l'expérience plus ou moins approfondie que tel ou tel chirurgien aura de la maladie calculeuse.

OBSERVATIONS

Observation I.

Calcul de la vessie ; lithotritie périnéale ; guérison rapide (1).

X..., âgé de trente-neuf ans, habitant la campagne, nous fut adressé dans le mois de juillet 1863 pour une affection des voies urinaires. Pendant longtemps on avait traité le malade pour une blennorrhagie rebelle ; il présentait, en effet, un écoulement uréthral, mais celui-là n'était pas vénérien.

L'exploration fit reconnaître un calcul, mais l'urèthre et la vessie étaient tellement sensibles qu'il fut impossible de compléter le diagnostic. Le repos et les calmants restant sans influence sur la sensibilité de l'appareil, je dus renoncer à la lithotritie, et j'entrepris de débarrasser le malade par la lithotritie périnéale. avec l'assistance de mon ami le docteur Daix.

---

(1) Cette observation est empruntée à mon *Traité de la pierre ;* c'est le premier cas où j'ai appliqué la lithotritie périnéale. On remarquera . combien le manuel opératoire diffère de celui que j'ai adopté depuis cette première tentative.

Opération le 24 juillet 1863. Le malade est placé dans la position de la taille, le cathéter conduit dans la vessie est confié à un aide ; alors seulement on administre le chloroforme jusqu'à la période de tolérance. Nous pratiquons une incision de 4 centimètres le long du raphé et se terminant à 5 millimètres en avant de la muqueuse anale. La peau, l'aponévrose sont incisées lentement, et bientôt apparaît la pointe du sphincter ; l'index gauche rencontre alors le cathéter que nous ponctionnons.

Le dilatateur est placé dans la rainure et pénètre lentement dans la vessie en même temps que le cathéter s'abaisse. Au moment où nous retirons ce dernier, l'urine s'écoule par la plaie et le dilatateur rencontre le calcul ; aussitôt je fais marcher la vis et en quelques minutes le col est assez largement ouvert pour laisser pénétrer le doigt. J'introduis le gros lithoclaste et après quelques tâtonnements, je saisis la pierre ; le pignon suffit pour écraser le calcul dont les dimensions sont de 4 centimètres environ. Le brise-pierre à mors plat permet ensuite de pulvériser les plus gros fragments de la pierre.

L'extraction fut longue et les injections ont surtout contribué à débarrasser la vessie. L'opération a duré vingt-cinq minutes ; le malade est resté tout le temps sous l'influence du chloroforme, il a perdu fort peu de sang.

Canule dans la plaie ; tisanes vineuses, bouillons.

25 juillet, le malade a peu souffert, il a dormi ; l'urine coule par la canule ; cependant on retire cette dernière. — Alimentation.

Le 26, bon état général ; X... conserve la plus grande partie de son urine, mais quand il pisse tout sort par la plaie.

Le 28, le malade va bien, il a rendu de l'urine par le canal.

Le 2 août, la plaie se cicatrise ; elle a déjà notablement diminué d'étendue.

Le 8, toute l'urine sort par l'urèthre ; cautérisation de la plaie qui bourgeonne,

Le 10, bon état général ; la plaie du périnée est réduite à un petit pertuis.

Le 12, tout est fini, le malade se lève ; seulement il urine souvent et peut difficilement surseoir aux besoins de pisser.

Le malade a quitté Paris le 20 dans un bon état général et local.

En résumé, le malade a guéri dans l'espace de dix-huit jours ; son pouls n'a jamais dépassé 90.

J'estime qu'il y avait 60 grammes de fragments, mais il a été difficile de tout réunir. La pierre était d'acide urique au centre avec une couche de phosphate de chaux à la périphérie.

La guérison persistait en décembre 1869.

OBSERVATION II.

Pierre phosphatique; cystite ancienne; rétention absolue d'urine par suite d'un engorgement de la prostate; lithotritie périnéale; guérison.

M. C..., ancien militaire, âgé de soixante et onze ans, a été lithotritié à diverses reprises par Leroy (d'Étiolles) père et par Civiale.

La dernière opération remonte à 1864. A cette époque, Civiale avait conseillé l'usage de la sonde comme un moyen d'éviter la récidive probable du calcul. Malgré cette précaution, la pierre s'est reformée : mais comme le malade ne peut plus uriner sans la sonde, à cause d'un engagement énorme de la prostate, les douleurs de la pierre sont peu vives et c'est l'hématurie, ainsi que la présence du pus dans les urines, qui ont attiré l'attention du malade.

M. C..., très-fatigué, très-dyspeptique, se refuse à la lithotritie; il sait, dit-il, combien le traitement a toujours été long et quelles sont les difficultés qu'on éprouverait à retirer tous les fragments. Le malade croit qu'à chacune des opérations antérieures on a dû lui laisser quelque chose dans la vessie et il espère que la taille pourrait le guérir radicalement. Sans partager cette dernière espérance, je crois aussi que la lithotritie serait longue et difficile, et j'engage le malade à subir la lithotritie périnéale de préférence à la taille.

Je pratique l'opération le 4 mai 1868 ; le malade est chloroformisé.

Une fois la vessie ouverte, j'introduis la petite tenette exploratrice, qui revient bientôt chargée d'une poussière grisâtre. La pierre, incomplétement saisie, s'écrase avec la plus grande facilité ; elle se réduit en une masse plâtreuse.

Des introductions successives de la tenette, des injections nombreuses et enfin une exploration avec la petite curette débarrassent définitivement la vessie. L'opération a duré moins d'une demi-heure et l'extrême friabilité du calcul a rendu très-simple la manœuvre. Pas d'hémorrhagie ; on place une sonde à demeure dans l'urèthre.

Le 5 mai, le malade a eu un frisson d'un quart d'heure dans la soirée d'hier ; aujourd'hui il est en réaction. La peau est couverte de sueur, le pouls à 112, la langue sèche ; soif intense.

Les urines sont teintes de sang ; elles sont d'ailleurs peu abondantes ; légères douleurs à l'hypogastre et dans le rein droit.

Nous ordonnons un cataplasme sur le bas-ventre, des boissons abondantes et 2 grammes d'extrait de quinquina dans 300 grammes de Bordeaux. La sonde est enlevée à cause des douleurs qu'elle provoque.

Le 6, amélioration notable; la langue est humide et le pouls à 100. Chose singulière : on n'a pas été obligé de sonder le malade, comme nous le craignions. Les urines sont plus claires et plus abondantes : elles sont rendues toutes les demi-heures par la plaie, mais pas d'incontinence dans l'intervalle. Même traitement.

Le 7, le pouls a baissé à 90, et le malade demande à manger.

Le 8, le malade a vomi sa soupe, il va néanmoins très-bien; nous ordonnons deux verres d'eau de Birminsthorf comme un moyen de combattre ce léger embarras gastrique.

Le 9, bon état, pouls à 80. Les sinapismes répétés ont enlevé la douleur du rein. Urines moins abondantes gardées pendant une heure.

Les jours suivants, l'amélioration se continue et le 12 un peu d'urine passe par le méat, à la grande joie du patient.

Nous laissons lever le malade dont le siége menace de s'excorier.

Le 18, bon état général, retour de l'appétit, pouls normal. La plaie se comble et déjà plus de la moitié de l'urine suit la voie naturelle.

Le 26, la plaie est presque fermée; il ne passe plus que quelques gouttes d'urine par le trajet accidentel. Le malade doit sortir en voiture.

Le 30, la plaie est cicatrisée; depuis hier il n'a rien

passé par le périnée. Néanmoins il demeure évident que la vessie ne se vide pas et nous conseillons au malade de se sonder plusieurs fois par jour.

Le 15 juin, le malade quitte Paris bien guéri de sa pierre ; outre la disparition de son calcul il a obtenu de l'opération le rétablissement, en partie, de la miction naturelle : avant son opération il ne pouvait rendre seul une goutte d'urine ; aujourd'hui il émet spontanément près de la moitié du liquide contenu. J'engage le malade à faire usage de la sonde deux fois par vingt-quatre heures.

Février 1869. Le malade est bien portant, malgré ses soixante-treize ans, et la pierre ne s'est pas reproduite. J'ai su depuis que le malade avait succombé aux suites d'une pneumonie.

Observation III.

Pierre phosphatique ; rétrécissement de l'urèthre ; tentatives de lithotritie ; lithotritie périnéale ; guérison.

M. H..., soixante-deux ans, jouissant habituellement d'une bonne santé. Il a eu dans sa jeunesse plusieurs blennorrhagies qui ont déterminé la formation d'un rétrécissement de l'urèthre.

Au mois d'août 1864, j'ai eu déjà l'occasion de traiter le malade pour une infiltration urineuse avec gangrène de l'hypogastre et de la partie supérieure des cuisses.

Le malade a guéri, conservant un canal libre, mais toujours induré.

Au mois d'avril 1865, M. H... vient de nouveau me consulter pour de fréquentes envies d'uriner : il se plaint de douleurs et les urines sont catarrhales. fétides, mélangées de sang. Le rétrécissement s'est reproduit et le cathétérisme est très-difficile, surtout à cause d'une déviation de la partie profonde du canal. On constate, par une exploration attentive, que la vessie est très-petite, déformée, irritable, et qu'elle renferme une pierre phosphatique.

Après avoir préparé le canal nous essayons, pendant les mois de juin, juillet, août et septembre, de faire de très-courtes séances pour broyer le calcul. A chaque tentative nous sommes toujours arrêtés par l'extrême contractilité de la vessie; aussi les séances sont-elles pénibles et très-peu productives.

Le 15 novembre, l'état du malade est loin de s'être amélioré : on a suspendu toute tentative. M. H... se plaint de douleurs très-vives. Les besoins d'uriner sont incessants; il n'y a pas de fièvre, mais l'amaigrissement fait des progrès; l'appétit et le sommeil ont disparu. La pierre existe toujours, et la vessie est plus que jamais intolérante.

Le 18 novembre, nous pratiquons la lithotritie périnéale avec l'assistance des docteurs Leroux, Mesnier, Bertrand de Saint-Germain et Daix.

Après diverses tentatives infructueuses, nous dûmes renoncer à obtenir l'anesthésie par le chloroforme; nous passâmes outre dans la crainte de voir survenir des accidents formidables. Ce n'était pas d'ailleurs la seule difficulté que nous devions rencontrer. Le périnée était très-enfoncé, les ischions très-rapprochés et très-saillants; l'anus présentait un bourrelet hémorrhoïdal très-volumineux, enfin la prostate était notablement hypertrophiée.

Malgré ces circonstances défavorables, les premiers temps de l'opération s'exécutent assez facilement; seulement le col vésical est rigide, il se contracte avec violence. La petite tenette introduite dans la vessie ne rencontre aucun corps étranger. Le cathéter est alors conduit de nouveau dans le réservoir urinaire, et nous pouvons constater que la pierre occupe le côté gauche et qu'elle est en quelque sorte suspendue vers la partie supérieure de la vessie.

Les tenettes ne parviennent pas jusque sur le calcul; le périnée a une très-grande épaisseur et l'instrument paraît trop court.

Craignant que l'obstacle ne vînt de la rigidité du col vésical, je le débride immédiatement avec un lithotome double; cette manœuvre, rapidement exécutée, n'amène aucun résultat, et ce n'est qu'après bien des tâtonnements que nous arrivons à saisir la pierre, qui paraît retenue entre des plis de la vessie. Impossible d'extraire le calcul sans prendre en même temps une paroi de l'organe; nous écrasons donc la pierre sur place et alors il devient facile d'extraire les fragments; ceux-ci sont tombés de la loge qu'ils occupaient jusque dans le bas-fond de la vessie.

Après avoir multiplié les recherches, fait de grandes injections, nous acquérons la certitude qu'il ne reste plus rien dans la vessie. Le malade est reporté dans son lit; il est très-épuisé par de vives souffrances, l'opération ayant duré une heure ; cependant il n'y a point d'hémorrhagie, le pouls reste bon et il n'y a pas de tendance au refroidissement.

Le soir, le malade est bien, l'urine coule abondamment par la plaie ; on constate un érythème des bourses et du périnée.

Le **19,** la nuit a été bonne, le pouls est à 80, le malade demande à manger. Déjà l'urine s'écoule par la verge entraînant avec elle quelques grains phosphatiques. L'urine est claire et ne renferme plus de sang. Alimentation légère, lavement émollient.

Le **21,** état général satisfaisant : la plaie est bonne, le malade garde ses urines pendant quatre heures, il les rend volontairement dans la proportion d'un tiers par les voies naturelles. Il se plaint de quelques petites douleurs du côté du col, mais l'exploration avec une bougie démontre qu'il n'y a pas de graviers restés dans le trajet de la plaie.

Le 23, le pouls est à 60, la peau est fraîche ; le malade a de l'appétit, il mange, digère bien et dort convenablement.

La rougeur du périnée a disparu ; nous faisons une petite injection vésicale, qui revient claire et qui n'entraîne aucun gravier.

Les jours suivants, l'état général et local s'améliorent : la plaie bourgeonne, la dysurie a cessé.

Le 2 décembre, quatorze jours après l'opération, la plaie est complétement fermée ; l'état général est satisfaisant ; le malade se lève, il garde ses urines trois heures, les rend sans douleurs. Le besoin d'uriner est très-urgent, et il arrive parfois que le malade ne peut gagner à temps le vase dans lequel il urine.

A la fin de décembre, le malade est complétement rétabli et cette cure si remarquable peut être considérée comme complète.

La guérison persistait en 1869, époque à laquelle le malade a eu une légère attaque de ramollissement cérébral. Depuis j'ai revu plusieurs fois le malade, et aujourd'hui, janvier 1872, la guérison persiste encore.

OBSERVATION IV.

*Calcul phosphatique développé autour d'un fragment de sonde;
lithotritie périnéale; guérison.*

R..., médecin polonais, me fit chercher, le 6 mai
1864, pour avoir mon avis sur une hématurie qui
venait de se déclarer à la suite d'une course dans une
voiture mal suspendue.

Mon confrère, âgé de cinquante-quatre ans, ayant
l'air très-épuisé et paraissant dans une position de
fortune peu heureuse, avait subi bien des privations.
Depuis plus de vingt ans il souffrait d'un rétrécissement pour lequel il avait de temps à autre recours à
la sonde. J'ai rarement vu des bougies aussi avariées
que celles dont se servait mon malheureux confrère.

A ma première visite je soupçonnai la pierre, mais
il n'y avait pas lieu d'intervenir ; il fallait attendre que
le repos eût fait cesser l'hémorrhagie.

Huit jours plus tard, je pus à grand'peine introduire
une petite sonde d'argent jusque dans la vessie : il y
avait un rétrécissement bulbaire très-avancé, la vessie
renfermait une pierre, les urines étaient catarrhales.
Je proposai l'uréthrotomie interne comme opération
préliminaire à l'exécution de la lithotritie. Mon confrère, très-désireux de regagner son pays, me priait de
le tailler ; et c'est alors que je lui proposai la lithotritie
périnéale, qu'il accepta.

L'opération fut pratiquée le 15 mai; elle fut fort simple et la vessie fut rapidement ouverte. La tenette eut aisément raison d'une pierre phosphatique; mais, outre de nombreux débris, j'ai retiré un fragment de sonde incrusté de 2 centimètres et demi de long. C'était évidemment le noyau de la pierre, et cependant le malade a continué d'affirmer que jamais aucune de ses bougies ne s'était fracturée pendant le cathétérisme.

Les suites furent des plus simples : le cinquième jour, le malade était levé lorsque je lui rendis visite; le neuvième jour, l'urine avait presque complétement repris sa voie naturelle, la plaie se comblait rapidement.

Ici se termine l'observation, car lorsque je revins le douzième jour, après une courte absence que j'avais dû faire, mon malade avait quitté la petite chambre qu'il occupait et depuis je n'ai plus eu de ses nouvelles. J'ai su par le garçon d'hôtel qu'il était parti se disant complétement guéri.

Mon prétendu confrère ignorait-il donc que les médecins français se soignent entre eux sans qu'il soit jamais question d'honoraires?

Je ne mets pas en doute la guérison de ce singulier malade, puisque la plaie était presque fermée le neuvième jour.

La pierre morcelée pouvait avoir le volume d'une grosse noix.

Observation V.

Calculs multiples d'acide urique; lithotritie périnéale; guérison.

M. M..., cultivateur dans le département de Seine-et-Marne, me fut adressé, au mois d'avril 1865, pour être traité d'une pierre dans la vessie. Le corps étranger avait été constaté par le médecin de la localité, et le malade venait à Paris pour y subir l'opération de la lithotritie.

État actuel, 12 avril : malade âgé de soixante-quatre ans, gros, bien portant, mais atteint d'une dypsnée cardiaque assez avancée. Il souffre de la vessie depuis plusieurs années, environ quatre à cinq ans; il a uriné du sang autrefois, mais actuellement il se plaint d'une extrême fréquence dans la miction et de douleurs vives qui accompagnent l'émission de l'urine.

La sonde d'argent pénètre très-facilement. L'urèthre est libre, mais au niveau du col il y a une saillie prostatique qui gêne l'introduction de l'instrument. Par le rectum la prostate a le volume d'une petite pomme. La vessie se vide mal, les urines sont épaisses et très-odorantes.

Le 15 avril, après avoir fait une injection vésicale tous les jours précédents, j'introduis un brise-pierre du n° 1. Le passage de l'instrument est assez facile, toutefois il est nécessaire de fortement abaisser l'instrument pour faire pénétrer son bec jusque dans la vessie.

La recherche de la pierre est longue à cause d'une dépression très-notable du bas-fond, et aussi à cause de la mobilité du corps étranger. J'ajoute que les mors de l'instrument étant courts, il faut porter ceux-ci directement en bas pour arriver à saisir une pierre qui mesure 1 centimètre 1/2 de diamètre.

Surpris des faibles dimensions du calcul et de la facilité avec laquelle la sonde d'argent rencontrait le corps étranger, je songe tout de suite à l'existence de calculs multiples, et en effet, avec la pierre saisie par le lithoclaste, je puis frapper à droite et à gauche sur d'autres concrétions.

Le calcul saisi est morcelé, et l'instrument rapporte des fragments d'urate de soude. La séance avait duré quatre à cinq minutes; la recherche avait été difficile et pénible pour le malade; il fallait compter sur une réaction vive. Le lendemain, j'appris que le malade avait eu vers les huit heures du soir un violent frisson avec vomissements opiniâtres. Je trouvai l'opéré très-fatigué : la langue était sèche, la soif vive et les traits profondément altérés.

Quinze jours furent nécessaires pour mettre un terme à cette perturbation, qui avait été le résultat d'une première tentative de lithotritie. J'hésitais beaucoup, je dois le dire, à renouveler mes recherches, et je songeais à renvoyer le malade chez lui.

M. M... vint au devant de mes désirs : il me déclara que pour rien au monde il ne consentirait à recommencer ; mais, loin de vouloir conserver ses calculs, il demandait à en être débarrassé en une seule séance.

L'opération de la lithotritie périnéale est pratiquée le 7 mai 1865, avec l'assistance de mon ami le docteur Daix et de plusieurs de mes élèves.

L'opération n'a rien présenté de particulier ; j'ai pu extraire assez facilement neuf calculs sans être obligé d'en broyer aucun.

Le diamètre de chacune de ces pierres n'excédait guère 1 centimètre.

Il n'y eut point d'hémorrhagie, et l'opération ne fut suivie d'aucun accident ; c'est à peine si le pouls du malade s'éleva de 10 pulsations.

La dysurie cessa de se montrer, et au bout de la première semaine le malade put se lever et passer quelques heures dans un fauteuil.

Dès le 17 mai, l'urine ne passait plus guère que par la voie naturelle. Le 25, la plaie du périnée était complétement cicatrisée, et le malade pouvait conserver ses urines pendant trois heures.

Le 2 juin, le malade quittait Paris.

En 1867, j'ai su que la guérison persistait, mais que

l'affection cardiaque s'était compliquée d'une manière
notable.

OBSERVATION VI.

Calcul volumineux de la vessie; tentatives infructueuses
de lithotritie; lithotritie périnéale; guérison.

M. V..., négociant, nous fut adressé en 1865 par
le docteur Boussac (d'Alby). Ce malade, grand et
vigoureux, mais amaigri, souffrait depuis plus de six
ans. Il faut noter dans ses antécédents une blennorrhagie ancienne mal guérie.

A plusieurs reprises les docteurs Estevenet et Rigal
père avaient fait des tentatives de lithotritie suivies
toutes d'accès de fièvre.

Le mal a progressé, les douleurs ont été de plus en
plus cruelles; puis ce symptôme pénible a cessé, et
l'incontinence absolue des urines a coïncidé avec le
rétablissement du calme.

C'est surtout pour son incontinence absolue d'urine
que le malade est venu consulter à Paris; mais les
antécédents ne laissant aucun doute, nous procédons tout de suite au cathétérisme. La sonde pénètre
facilement, et bientôt l'on constate que le col de la
vessie est obstrué en partie par un calcul qui occupe
en même temps le bas-fond de la vessie; il est du reste
impossible de refouler la pierre : la vessie se révolte
aussitôt que l'on tente d'y faire pénétrer quelques

cuillerées d'injection tiède. Pas d'autres complications apparentes; il n'y a pas de fièvre; l'appétit est encore conservé.

Le malade, après bien des hésitations et après avoir consulté différentes personnes, se décide à subir l'opération de la lithotritie périnéale.

Le 17 octobre 1865, nous procédons à l'opération en présence des docteurs Boussac et Batailhé.

Le malade étant bien endormi, les premiers temps de l'opération s'exécutent normalement; la difficulté survient au moment d'introduire la tenette dans la vessie, et cela à cause de l'absence d'une cavité vésicale. Après quelques tentatives, j'arrive à saisir et à fragmenter trois fois le calcul avec la tenette de Lüer. Le broiement portant sur un calcul de dureté moyenne composé de couches concentriques, alternativement d'acide urique, d'urates alcalins et de phosphate de chaux, il en est résulté un grand nombre de fragments qu'il a fallu successivement extraire. On aura une idée du volume de cette concrétion quand on saura que l'ensemble des fragments recueillis pesait 107 grammes. L'un des fragments, lisse et dur comme un morceau de galet, avait 6 centimètres de long sur 2 de large. L'opération, terminée sans écoulement notable de sang, avait duré trente-cinq minutes.

Deux heures plus tard, le malade, couché sans pansement et sans sonde à demeure, est pris d'un frisson assez intense, bientôt suivi d'une réaction très-favorable, le tout se terminant par un sommeil complet et réparateur.

Le 18, pouls à 80, peau fraîche; le malade a pris plusieurs bouillons, et il y a eu une garderobe naturelle. L'urine coule par la plaie, car l'incontinence semble persister; toutefois, à deux reprises différentes, le malade a ressenti le besoin d'uriner, et une petite quantité de liquide a franchi le méat.

Le 19, le malade est un peu moins bien, quoiqu'il soit difficile de préciser pourquoi; le pouls est toujours à 80, l'urine coule abondamment. On constate un léger gonflement avec ecchymose de la région du bulbe et des bourses.

Le 20, le pouls est à 90, la langue est sèche, le malade se plaint de la soif; on constate une assez grande agitation. Les reins sont sensibles à la pression; un peu de gêne respiratoire, quelques râles sous-crépitants en bas et à droite. Néanmoins la sécrétion urinaire persiste; la vessie a récupéré la faculté de conserver les urines; celles-ci sont claires, ne sortent plus que volontairement, mais elles passent en totalité par la plaie.

Le 21, il y a du mieux, quoique le pouls se maintienne à 90; la peau est chaude, le malade demande à manger. Comme les jours précédents, je l'autorise à prendre des bouillons, des potages et de l'eau rougie.

Le 22, le mieux continue, l'appétit se soutient ; cependant les reins sont encore sensibles, malgré l'application de plusieurs sinapismes.

Le gonflement du bulbe a disparu ; la plaie suppure abondamment ; les urines, toujours limpides, ne sortent qu'à volonté.

Le malade mangera une côtelette et des huîtres. On lui donnera, comme précédemment, un lavement matin et soir.

Le 23, l'état général est excellent ; appétit, langue fraîche et humide, pouls à 80.

La plaie suppure beaucoup, les urines sont toujours gardées volontairement, et à chaque miction le malade constate qu'il y a une grande hésitation dans la direction que doit prendre l'urine ; la plus grande partie sort encore par la plaie, mais déjà une quantité notable traverse les voies naturelles.

Le 26, l'état général ne laisse rien à désirer ; les reins ont perdu leur sensibilité. La plaie suppure beaucoup ; on a constaté à nouveau que l'urine sortait parfois involontairement. Le malade est autorisé à se lever et à manger à son appétit.

Le 29, même état. La cicatrisation marche lentement.

Le 15 novembre, nous sommes au vingt-deuxième jour de l'opération ; l'état général est demeuré parfait. Le malade se lève toute la journée ; les urines sont claires et rendues toutes les deux heures seulement. Plus de dysurie ni d'incontinence.

Quant à la plaie, elle est réduite à une fistule d'environ 4 millimètres. Le malade comprime l'orifice au moyen d'un tampon périnéal, et, grâce à ce petit moyen, l'urine s'écoule entièrement par le méat.

Le 21, c'est à peine si l'on peut retrouver la plaie; le malade reste quatre heures sans uriner, il sort et va dîner en ville.

Le 12 décembre, la cure serait complète, et depuis longtemps, si la petite fistule périnéale ne se rouvrait de temps en temps pour donner passage à quelques gouttes d'urine. Désireux d'expliquer ce retard dans la guérison, je procède à l'exploration du canal. La sonde rencontre dans la région membraneuse une rugosité bien évidente; je m'assure, au moyen d'un stylet, qu'il y a dans le trajet périnéal un dépôt de phosphate de chaux; j'apprends du reste qu'à plusieurs reprises des grains calcaires ont traversé et l'urèthre et le trajet périnéal. Nous procédons à la dilatation de la fistule au moyen d'une tige de laminaire, et le lendemain la pince à pansement ramène environ 6 grammes de fragments phosphatiques.

A la fin du mois de décembre, la guérison était définitive, et le malade, guéri depuis longtemps et de ses douleurs et de son incontinence, quittait Paris en parfait état de santé.

J'ai revu le malade en 1867, c'est-à-dire un an après son opération, puis en 1869, et chaque fois la sonde a confirmé la guérison. La santé générale est parfaite, les fonctions urinaires s'exécutent normalement; le malade fait remarquer que chez lui l'éjaculation se fait avec une très-grande rapidité.

OBSERVATION VII.

Pierre phosphatique volumineuse; lithotritie périnéale; guérison.

M. G..., négociant, âgé de soixante-cinq ans, souffrait d'une dysurie ancienne pour laquelle il avait suivi un grand nombre de médications. Le malade, du reste, n'avait jamais été sondé, quoiqu'il présentât les principaux signes et symptômes d'un calcul vésical.

Le 16 octobre 1865, l'exploration avec une sonde fait constater que la vessie, d'ailleurs extrêmement sensible, contient du pus et une pierre très-volumineuse. Le calcul semble remplir la vessie, et c'est à peine si la sonde peut exécuter quelques mouvements vers la partie gauche du réservoir urinaire.

Nous pensons que la lithotritie, dans ce cas, est contre-indiquée : 1° à cause du volume de la pierre; 2° à cause de la cystite purulente; 3° à cause de la longueur probable du traitement; 4° à cause de l'épuisement extrême dans lequel se trouve le patient; il souffre, en effet, depuis cinq ans, il sort peu et les troubles digestifs vont en augmentant.

Pour toutes les raisons que je viens d'indiquer, je propose au malade de le débarrasser par la lithotritie périnéale. L'opération est acceptée et l'exécution en est fixée au 24 octobre.

L'opération fut pratiquée en présence du docteur Mauvais, et avec l'assistance de plusieurs élèves. Nous procédons de la manière suivante : incision médiane de 2 centimètres, ayant pour point de départ le rebord muqueux de l'anus : 1° ponction de l'urèthre en arrière du bulbe ; 2° dilatation de la plaie ; 3° dilatation du col ; à ce moment l'urine s'écoule en abondance le long du dilatateur.

L'introduction de la petite tenette démontre l'existence d'une grosse pierre. Les faibles dimensions de l'instrument ne permettant pas de saisir le calcul, j'introduis immédiatement un gros brise-pierre courbe et j'arrive, non sans peine, à saisir et à morceler le calcul cinq fois de suite. La densité de la pierre est du reste faible; avec la petite tenette nous ramenons des fragments nombreux; nous multiplions ensuite les injections, et je termine par une exploration avec la curette puis avec la sonde à courbure brusque.

Le nombre des fragments enlevés est considérable ; il y a, en plus, une grande quantité de poussière grise : le tout remplit presque complétement une tasse à café ordinaire. Sauf quelques fragments durs, de couleur jaune, formés d'acide urique, et qui sont les débris du noyau de la pierre, l'ensemble du calcul est phosphatique.

Le malade revient difficilement à lui, l'action du chloroforme se prolonge longtemps, sans toutefois nous donner la moindre inquiétude. Le pouls est bon, il n'y a pas la moindre hémorrhagie; l'opération a duré quarante minutes.

Tout étant terminé, on dépose le malade dans son lit, où bientôt il revient à lui. Il n'a rien senti; et c'est avec la joie la plus expansive qu'il apprend que son opération est terminée.

Le 25 octobre, rien de particulier à noter. Le malade a uriné facilement toutes les heures; l'urine est légèrement teintée, sa quantité est normale. Il n'y a pas d'incontinence de la part de la vessie; de temps en temps le besoin se présente, et c'est alors seulement que le malade se mouille. Grâce à quelques petites précautions, le lit a pu être épargné.

Le ventre est à peine sensible dans la région de la vessie, le pouls est à 92; la peau est humide, la langue un peu sèche, l'appétit nul. Le malade prendra du potage, de l'eau rougie; on mettra des cataplasmes sur le bas-ventre.

Le 26, le malade va bien : il ne souffre plus, sauf au moment où l'urine s'engage dans la plaie. Pouls à 80, langue humide, appétit; le malade est très-satisfait; il demande à manger. Légère ecchymose du scrotum.

Le 27, même état satisfaisant.

Le 28, le malade va bien : il urine toujours à volonté, et déjà une partie du liquide s'échappe par le méat. Le malade mange comme en pleine santé et les digestions sont parfaites.

Le 30, amélioration sensible : les forces reprennent rapidement, le malade s'alimente très-bien, la plaie bourgeonne dans toute son étendue. Déjà la quantité d'urine qui sort par la verge est égale à celle qui passe par la fistule périnéale. Le malade est autorisé à se lever pendant une heure.

Le 3 novembre, état général excellent : le malade engraisse, il dort, il est réveillé toutes les trois heures seulement par le besoin d'uriner. Le malade reste levé plusieurs fois dans la journée; quant à la plaie, elle se ferme rapidement et l'ecchymose du scrotum tend à disparaître.

Le 5, rien de particulier à noter, sauf cette circonstance que par deux fois déjà la miction s'est accomplie sans que rien passât par le périnée. Le malade marche dans l'appartement, il dîne en famille ; les besoins d'uriner vont s'éloignant.

Le 10, aujourd'hui, dix-sept jours après l'opération, le malade peut être considéré comme définitivement guéri; sa plaie est fermée, sèche et depuis trois jours elle ne laisse plus passer d'urine. L'état général est parfait, la miction se fait sans douleur. Les urines sont limpides, mais elles se troublent vite par le refroidissement.

J'ai revu le malade en avril 1866; la guérison persistait à cette époque.

Observation VIII.

Calcul volumineux d'acide urique; tentatives de lithotritie; lithotritie périnéale; guérison.

B..., cultivateur, venu du département de la Côte-d'Or pour se faire traiter d'un calcul de la vessie constaté par un médecin de sa localité, s'adresse à mon collègue Foucher.

La pierre fut de nouveau reconnue, et Foucher me pria de m'adjoindre à lui dans la cure de ce malade.

Voici ce que nous constatons le 7 mars 1866:

Il s'agit d'un homme maigre, âgé de cinquante-deux ans, encore vigoureux. Il n'a point fait de maladie importante. B... souffre en urinant depuis sept à huit ans; à plusieurs reprises il a rendu des sables rouges, des graviers et même de petits calculs uriques.

Depuis deux ans, il n'a plus rien rendu; et à partir de cette époque, il a commencé à souffrir principalement dans le moment où se terminait la miction.

Le canal est libre, sauf le méat qui est assez étroit. La sonde parvient facilement jusque dans la vessie. En entrant elle heurte un calcul volumineux, qui paraît fixe et qui résonne à la percussion. La prostate est assez grosse surtout en hauteur.

Notre conclusion fut qu'il s'agissait d'une pierre dure et volumineuse, et que probablement il faudrait avoir recours à la taille; néanmoins Foucher émit le désir de faire une tentative de lithotritie.

Le 10 mars, après avoir fait une injection, Foucher introduit un brise-pierre n° 1; il ne peut parvenir à saisir la pierre, ce qui semble tenir à la disproportion existant entre le calcul et l'instrument employé. Cette tentative fut suivie d'un accès de fièvre avec dyspepsie consécutive.

En présence des difficultés probables, nous fûmes d'avis de renoncer à la lithotritie, et mon collègue consentit à l'opération de la lithotritie périnéale.

Foucher ne connaissait pas mon opération; il eut l'obligeance de me prier de l'exécuter devant lui.

Le 20, l'opération a lieu; Foucher fixe le cathéter. Rien de particulier à noter, si ce n'est une résistance très-forte du col de la vessie. Le dilatateur a de la peine à se développer : nous multiplions lentement les tentatives, et le col finit par admettre l'entrée facile des divers instruments.

La pierre résiste à la tenette ordinaire, elle paraît

d'une grande dureté. J'introduis alors le brise-pierre
court, le moins volumineux de ceux que j'ai fait re-
présenter dans mon ouvrage. C'est à grand'peine que
je puis saisir le calcul; il échappe sans cesse, l'écartement du lithoclaste étant insuffisant.

La pierre mesure au moins 6 centimètres; elle
éclate assez facilement, et sept de ses fragments sont
successivement saisis et morcelés.

Cela fait, je commence l'extraction des débris au
moyen de la petite tenette d'enfant; les choses se passent tout d'abord très-bien, puis un gros fragment se
présente, trop gros pour franchir le col sans déchirure. Le brise-pierre est de nouveau introduit; deux
ou trois fragments sont broyés, et je puis alors terminer l'évacuation complète de la vessie.

Une injection est alors poussée dans la vessie, et
Foucher peut constater que la vessie ne contient plus
de corps étranger. L'opération a duré quarante minutes; il n'y a pas eu d'écoulement sanguin notable.

Le malade est replacé dans son lit sans pansement;
nous laissons un aide en permanence avec mission de
surveiller la plaie et de changer le malade à mesure
que celui-ci sera mouillé.

Le soir, quelques nausées, pouls à 90, le malade a
uriné plusieurs fois; déjà le sang a cessé de teindre
les urines. L'urine ne coule que d'une façon inter-
mittente, la miction est volontaire; il faut cependant

noter que les besoins sont impérieux et que le malade se trouve dans l'impossibilité d'y résister.

Le 21, nuit sans sommeil, le pouls a monté jusqu'à 110 ; ce matin le malade est fatigué : la langue est sèche, la soif vive, la peau reste humide, pouls à 96, température 39 degrés.

On constate à la palpation un peu de sensibilité à la région hypogastrique ; rien du côté des reins. Les urines sont abondantes et rendues fréquemment. Nous prescrivons des cataplasmes sur le bas-ventre ; le malade prendra des potages et de l'eau rougie.

Le 22, la langue est plus humide, le pouls à 90. Le malade demande à manger du veau, ce qui est accordé. Même état local.

Le 23, déjà le malade a rendu un peu d'urine par la verge, mais la majeure partie du liquide sort encore par la plaie.

Du côté du périnée, on remarque une tuméfaction ecchymotique de la région du bulbe ; il y a manifestement un épanchement sanguin dans l'épaisseur de cet organe.

La plaie suppure, le pouls est à 90, la langue est humide, l'appétit est très-développé.

On permet une alimentation facultative ; on fera le lit du patient.

Le 24, amélioration croissante, pouls à 80.

Le 25, rien de particulier ; le malade n'a point été

à la garderobe depuis le jour de son opération (lavement purgatif).

Le 27, les deux tiers de l'urine passent maintenant par la verge ; la plaie a diminué d'étendue, elle est recouverte de très-beaux bourgeons. Nous permettons au malade de se lever pendant quelques heures.

Jusqu'au 30, même état ; à dater de ce jour, on remarque que la miction est à peu près normale et que ce n'est qu'exceptionnellement qu'il passe encore par la plaie un cinquième environ de l'urine rendue.

Le 6 avril, la plaie est fermée solidement depuis hier ; bon état général et local. Le malade est obligé d'uriner toutes les heures et demie.

Le malade a quitté Paris le 18 avril, moins d'un mois après avoir subi l'opération, pour une pierre qu'on peut comparer, quant au volume, à un œuf de poule. Cette concrétion était composée d'acide urique pur.

Nous avons eu des nouvelles de l'opéré au moment des vacances de septembre : il allait bien et gardait ses urines trois et quatre heures.

Avant le départ du malade, Foucher avait exploré la vessie et s'était assuré qu'elle ne renfermait aucun fragment calculeux.

Observation IX.

Calcul d'oxalate de chaux chez un enfant de trois ans et demi ;
lithotritie périnéale ; guérison.

Au mois de mars 1866 deux paysans des environs
de Soissons m'apportèrent un enfant chez lequel on
observait tous les signes d'un calcul de la vessie.

Depuis qu'il était au monde ce petit être urinait
constamment au lit et, pendant le jour, la miction
s'accompagnait d'une angoisse caractéristique ; l'enfant trépignait, tout en poussant des cris aigus lorsque
les dernières gouttes d'urine traversaient le canal.
Les efforts du petit malade étaient tels, qu'il portait une
chute du rectum mesurant 6 centimètres de longueur.

La sonde démontrait la présence d'un calcul probablement dur ; le doigt introduit dans le rectum constatait facilement l'existence de la pierre.

Les parents de l'enfant voulaient repartir tout de
suite, et je songeai un instant à inciser le périnée sur
la pierre comme dans la méthode ancienne dite de
Celse ; la crainte de l'hémorrhagie me fit donner la
préférence à la dilatation.

Le chloroforme fut administré et la chute du rectum réduite ; je fis alors au devant de l'anus, suivant
le raphé, une incision de 1 centimètre et demi comprenant la peau seulement.

Dans l'angle postérieur de cette plaie, je fis la ponction de l'urèthre et je pus facilement glisser le dilatateur jusqu'au voisinage du col de la vessie. Une dilatation de 1 centimètre de diamètre me permit de pénétrer jusque dans la cavité vésicale, et l'instrument fut retiré en conservant le degré de développement auquel il était arrivé. Cela fait j'introduisis un brise-pierre n° 1 ; la pierre put être saisie et broyée à deux reprises différentes.

L'extraction des fragments fut très-simple, comme tout le reste de la manœuvre, à cause même du peu d'épaisseur du périnée. La réunion des débris permet de supposer que le calcul d'oxalate de chaux granulé présentait un diamètre de 2 centimètres et demi environ.

Il n'y eut pas d'hémorrhagie, et cette opération ne fut suivie d'aucune réaction appréciable. Les urines sortaient volontairement par le périnée, et dans l'intervalle de la miction il n'y avait point d'incontinence.

Dès le soir même les parents quittèrent Paris avec toutes les recommandations nécessaires; les suites de l'opération furent du reste fort simples : la cicatrisation définitive a été obtenue le vingt-deuxième jour.

J'ai revu l'enfant en janvier 1869; c'était un très-gros garçon, bien portant, guéri de sa dysurie et de la chute du rectum.

Observation X.

Pierre phosphatique volumineuse; lithotritie périnéale; guérison.

X..., âgé de cinquante-neuf ans, est entré à l'Hôtel-Dieu en 1866, salle Saint-Côme, n° 31.

Cet homme, bien constitué, mais un peu amaigri et portant plus que son âge, se présente pour une affection de la vessie. Les renseignements qu'il fournit sont vagues et ne permettent guère de constituer une histoire de la maladie. Il souffre des voies urinaires depuis trois ans et demi. Il y a quinze jours, il a été pris d'une rétention d'urine complète, et après trente heures d'angoisse, l'urine a repris son cours entraînant avec elle des grains de phosphate de chaux et même des fragments irréguliers composés de couches concentriques de couleurs variées; on dirait l'écorce d'un calcul.

La sonde introduite avec assez de peine, à cause de la courbure irrégulière que présente le canal au-dessous des pubis, rencontre une pierre ou plutôt une masse de débris calculeux.

C'est le 1ᵉʳ octobre que l'on fait cette courte exploration, et dès le 2, on constate de la fièvre, de la sécheresse de la langue; les urines sont troubles et répandent une odeur fétide. Il est évident que la vessie se contracte très-mal et que le malade s'épuise en efforts fréquents pour expulser des urines profondément altérées.

Le 8, l'état général est loin de s'améliorer : le pouls oscille entre 110 et 116 ; la dysurie persiste, malgré l'emploi des injections émollientes et des lavements laudanisés.

Nous abandonnons l'idée d'employer ici la lithotritie : il nous paraît indispensable de débarrasser la vessie en une seule fois ; il s'agit d'un cas de pierre multiple, il y a donc indication à employer la lithotritie périnéale.

Le 8, en présence de plusieurs médecins, parmi lesquels je citerai les docteurs Firmin et Daix, nous procédons à l'opération.

Le malade est soumis aux vapeurs de chloroforme. La dilatation s'exécute facilement, malgré une épaisseur considérable du périnée. La tenette Lüer est ensuite introduite et le broiement s'effectue sans peine, car la pierre offre une consistance très-peu considérable. Les petites tenettes rapportent successivement des débris phosphatiques, des fragments de calculs uriques et de gros grains arrondis de couleur brique.

Injections nombreuses, recherches multipliées. L'opération a duré environ trois quarts d'heure. On a extrait 71 grammes de débris ; pas d'hémorrhagie.

Le malade a été replacé dans son lit sans aucun pansement.

Le 9 : dans la soirée du 8, il y a eu une légère réaction, mais ce matin la fièvre est tombée ; la langue est
humide ; le malade accuse un soulagement dont il se
réjouit. Léger appétit.

Le malade a rendu beaucoup d'urine, et dès hier
soir, la coloration rougeâtre avait disparu. On constate un léger érythème des bourses et du bas-ventre.

Le 10, bon état général et local. L'érythème dimi-
nue ; les urines sortent claires et déjà en partie par la
verge ; on remarque qu'elles entraînent avec elles des
grains de phosphate de chaux.

Le 11, l'état général reste bon ; le malade s'alimente,
mais il y a de la dysurie et le cathétérisme démontre
que la vessie ne se débarrasse point complétement.

On sondera le malade matin et soir, et on lavera la
vessie avec une injection d'eau tiède.

Le 12, bon état ; la dysurie a diminué, les urines
sont plus claires ; elles charrient toujours des grains
phosphatiques. Le pouls est à 84 ; la plaie est en
bonne voie de cicatrisation ; elle ne présente ni gonflement ni rougeurs, elle a manifestement diminué.

Le 13, le pouls est monté à 90 : le malade est
anxieux, il a transpiré pendant la nuit ; la vessie est
de plus en plus inerte ; aussi croyons-nous devoir
placer une sonde à demeure.

Les jours suivants, grande amélioration : plus de
fièvre, appétit ; urines claires et sans odeur. Il de-

meure évident que tous les phénomènes fâcheux tenaient à la rétention d'urine.

Le 20, le malade se plaint de la sonde : il y a eu un léger accès de fièvre et le pouls conserve de la fréquence. On enlève la sonde et l'on administre le sulfate de quinine.

La plaie est presque complétement fermée et l'urine ne s'écoule plus par le périnée.

Le 23 : dans la soirée du 22, le malade souffrant du besoin d'uriner, l'interne de garde a dû pratiquer le cathétérisme. Cette opération a été laborieuse : le malade a rendu du sang, et, à la suite, il a eu un nouveau frisson. J'apprends que ce n'est pas la première fois que le cathétérisme s'exécute à la visite du soir ; je place une sonde à demeure pour éviter de nouvelles fausses routes.

Le 24, la verge est gonflée, rouge, et présente un point noir sur son dos. La peau du bas-ventre et de la face interne des cuisses est également rouge. Le scrotum est sain, la plaie fermée. Il est évident que nous sommes en présence d'une infiltration d'urine tenant à l'existence d'une fausse route située dans la région pénienne. Incisions multiples, préparation de quinquina à l'intérieur.

Le 25, l'état général est mauvais : teinte sub-ictérique, pouls faible. L'infiltration ne s'est point étendue, mais il n'y a pas de réaction et des gaz s'échappent par les incisions. Le périnée est intact, toutefois les lèvres de la plaie se sont désunies. La sonde fonctionne bien et les urines sont claires.

Le 26, phlegmon diffus à teinte bronzée occupant tout l'hypogastre, les flancs et le dos. État général très-mauvais. Nouvelles incisions, un purgatif et de l'extrait de quinquina.

Le 27, le malade va de plus en plus mal. L'érysipèle phlegmoneux gagne, mais les organes génitaux demeurent sains, et la sonde fonctionne toujours très-bien. La respiration s'embarrasse et tout fait présager une mort prochaine.

Le 28, le malade a succombé à 10 heures, le matin, vingt jours après son opération. Les accidents ont commencé le douzième jour, alors que tout allait pour le mieux, et à l'occasion d'un cathétérisme douloureux suivi probablement d'une fausse route.

L'infiltration urineuse a été presque nulle. Le malade a succombé à un érysipèle né loin de la plaie, et tout nous porte à croire, ainsi que nous l'avons toujours soupçonné, qu'il existe une altération profonde des reins.

Autopsie. — Cadavre normal, viscères sains. Abdomen intact, pas trace de péritonite, ni générale, ni partielle; les reins sont atrophiés, surtout celui du côté droit; ces organes sont déformés, ils sont le siége d'une phlegmasie chronique. La substance tubuleuse n'est plus bien distincte, la substance corticale est granuleuse, très-injectée, jaunâtre par places. Les calices et les bassinets sont rouges, violets; ils renferment de l'urine trouble ; à droite, il y a même du pus.

La vessie est petite, ses parois sont très-musculeuses; elles offrent un centimètre d'épaisseur. Le tissu sous-périnéal est chargé de graisse ; la muqueuse présente une coloration ardoisée, parsemée de plaques finement injectées, ponctuées.

Le col de la vessie est normal, il n'y a pas trace d'incision ni apparence de déchirure. La prostate est dure, le lobe médian constitue une tumeur du volume d'une noisette. Cette luette fait saillie dans la vessie; elle est rouge, ulcérée par places, et présente des incrustations phosphatiques.

La vessie renfermait cinq petits grains phosphatiques; les dimensions du plus gros n'atteignaient pas celle d'un petit pois.|

L'urèthre a une longueur de 20 centimètres. A 11 centimètres et à 12 centimètres et demi du méat, on trouve deux petits trous qui font communiquer la face inférieure du canal avec le tissu cellulaire sous-jacent. Ces deux fausses routes qui ont déterminé l'infiltration pénienne occupent tout le fourreau de la verge et la partie inférieure de la région hypogastrique.

A 14 centimètres du méat commence, sur la paroi

inférieure de l'urèthre, une fente à bords assez régu-
liers et mesurant 18 millimètres en longueur; c'est
l'ouverture chirurgicale pratiquée pendant la vie,
c'est le résultat du dilatateur.

A 17 centimètres du méat se trouve le sommet de
la prostate et à 20 centimètres, l'orifice interne de
l'urèthre.

Toute la région prostatique, le col et même une
partie de la région membraneuse sont demeurés intacts; la pièce démontre bien que l'action du dilatateur a été suffisante; le passage des instruments sans
déchirure du col de la vessie était assuré.

Le périnée, disséqué avec grand soin, ne présente
aucune trace d'inflammation; la plaie opératoire,
réduite à 12 millimètres, est distante de l'anus de
1 centimètre. Le rectum et les tissus qui l'environnent
sont sains. Le bulbe est intact; l'incision ne l'a point
intéressé. Cet organe est à 2 millimètres en avant du
trajet périnéal. C'est 3 centimètres en avant de la
plaie et sans rapport avec elle que commence l'infiltration urineuse.

Quant au résultat de l'opération, tout se réduit en
un trajet peu oblique, tapissé par une membrane bien
constituée. Ce canal, qui n'a pas plus de 1 centimètre
de diamètre, commence à la peau; il aboutit à la partie
antérieure de la région membraneuse.

Il est évident, d'après ce qui précède, que le malade

eût guéri de son opération, si deux fausses routes n'eussent été l'origine d'une infiltration urineuse bientôt suivie d'un érysipèle mortel.

Suivant qu'on envisagera soit le résultat, soit l'ensemble des phénomènes observés en clinique, on rangera cette observation parmi les insuccès ou parmi les guérisons.

OBSERVATION XI.

Pierre phosphatique secondaire; lithotritie périnéale; guérison; persistance d'un peu de dysurie; guérison définitive après une séance de lithotritie par les voies naturelles.

M. T..., limonadier, me fut adressé en 1866 par le docteur Chalvet. Le malade, âgé de soixante-neuf ans, souffre depuis plusieurs années; il rend des urines fétides et troubles. A plusieurs reprises le malade a été lithotritié par Civiale, mais chacune des tentatives a été faite dans le cabinet du chirurgien. Des accidents divers n'ont jamais permis de terminer la cure.

Quand je vis M. T... pour la première fois il souffrait énormément; la vessie, très-douleureuse, ne permettait qu'une exploration très-incomplète; du reste, le malade ne voulait plus entendre parler de ce qu'il appelait la petite musique de M. Civiale.

Je proposai la lithotritie périnéale comme un moyen d'enlever les concrétions et de faire déterger la vessie enflammée depuis longtemps. Après bien des hésitations le malade accepta l'opération, qui fut pratiquée le 7 juin 1866, en présence de Cerise, Chalvet et de quelques élèves.

L'opération fut régulière et ne présenta aucune difficulté. La vessie étant ouverte, je saisis avec la tenette un calcul qui s'écrasa facilement et dont les divers fragments furent ramenés au dehors. Il s'agissait d'une pierre composée de phosphate de chaux et de phosphate ammoniaco-magnésien.

L'opération terminée, nous avons pu réunir environ deux cuillerées à soupe de fragments calculeux.

Il faut noter que la vessie étant très-anfractueuse les manœuvres d'extraction ont été longues et difficiles. L'opération a duré quarante minutes ; la vessie renfermait du pus verdâtre et filant.

Les suites furent simples, et dès le dixième jour le malade se levait.

Le seizième jour, la plaie était fermée. A cette époque les urines étaient claires et les souffrances avaient complétement cessé.

Dans les premiers jours de juillet, le malade, ayant fait une course en voiture, ressentit de nouveau des élancements très-aigus au bout de la verge, et dès ce moment la miction se termina avec douleur.

Ces phénomènes persistant, je crus devoir sonder le malade et j'employai pour cette opération un petit lithoclaste. En franchissant le col de la vessie, l'instrument rencontra un corps dur que je fus assez heureux pour saisir presque aussitôt. La vis fut serrée légèrement et le corps étranger fut extrait. La partie saisie avait 1 centimètre; c'était du phosphate de chaux, et dans le centre un petit grain d'acide urique jaune rougeâtre.

Dans la soirée les urines entraînèrent quelques grains blancs, mais ce fut la fin, et depuis cette époque les phénomènes pénibles dont se plaignait très-vivement le malade ont complétement cessé.

Une nouvelle exploration, faite dix jours plus tard, démontra la réalité de la guérison.

Depuis cette époque, le malade est resté bien portant. Je l'ai revu en août 1867. Il est mort d'une pneumonie en juin 1869, sans qu'aucun phénomène soit venu démontrer l'imminence d'une récidive. La cystite ancienne qui existait lors de l'opération avait complétement disparu.

OBSERVATION XII.

Calculs multiples volumineux d'acide urique; lithotritie périnéale; guérison.

M. le curé **B...**, âgé de soixante-trois ans, me fut adressé en 1867 par le professeur Duplouy (de Rochefort) pour des troubles importants de l'appareil urinaire.

Le malade, arrivé à Paris le 20 juillet, se trouvait dans un état déplorable ; il était en proie à des souffrances incessantes, le testicule gauche était le siége d'une orchite du volume du poing et le séjour au lit avait déterminé une petite eschare au sacrum. Pouls à 110, langue sèche, inappétence, faiblesse extrême. Chairs flasques et décolorées, diarrhée fétide.

Le cathétérisme avec la sonde ordinaire dénote la présence de plusieurs pierres dures et confirme ainsi le diagnostic indiqué à l'avance par Duplouy, malgré les dénégations de plusieurs spécialistes. En effet, le malade souffre depuis plusieurs années; il a été d'abord à Vichy, et c'est en se rendant ensuite à Contrexéville qu'il a, comme par hasard, demandé une consultation.

L'état d'affaiblissement du malade, la supposition d'une masse calculeuse considérable, l'extrême sensibilité des organes urinaires, l'orchite, la cystite et un degré probable de néphrite, toutes ces raisons nous déterminent à débarrasser le malade en une seule fois.

Nous convenons qu'on laissera reposer le malade et qu'on tâchera de lui procurer un peu de sommeil. Les lavements, les bains, l'opium sont successivement employés, mais sans résultat notable. Le patient urine à chaque instant, et chaque fois ce sont des cris terribles et une souffrance qui se prolonge longtemps.

Le 25 juillet, après la préparation d'usage, nous pratiquons l'opération de la lithotritie périnéale en

présence de Duplouy, et avec l'assistance des docteurs
Leroux, Duplessis, etc.

Le chloroforme agit promptement et le malade perd
bientôt connaissance. Les premiers temps de l'opération sont simples, la dilatation se fait sans résistance,
la prostate étant d'un volume moyen ; l'ouverture de
la vessie laisse écouler de l'urine mélangée à une forte
proportion de pus.

La tenette de Lüer pénètre facilement, mais la fragmentation rencontre des difficultés qui semblent tenir
au volume de la pierre. Tout porte à croire que le bas-
fond de la vessie est rempli par une masse calculeuse
composée de plusieurs pierres ; et en effet, la tenette
à extraction rapporte des fragments sur lesquels se
retrouvent des facettes bien manifestes.

L'extraction a été longue et la vessie a, pendant tout
le temps, fourni du sang noir ; cet écoulement a cessé
aussitôt que les manœuvres ont été terminées.

Le malade est replacé dans son lit sans qu'il ait eu
conscience de l'opération ; le pouls est bon, on ne met
aucune sonde à demeure.

L'opération a duré trois quarts d'heure. La vessie
renfermait trois calculs dont le plus gros mesurait
3 centimètres, les deux autres un peu plus de 2 centimètres ; ce sont des calculs d'acide urique ayant
tous pour noyau une grosse gravelle noirâtre, formée
également d'acide urique.

L'opération était terminée à onze heures; à midi, le besoin d'uriner a été suivi de l'expulsion d'une notable quantité d'urine et de plusieurs caillots sanguins.

A quatre heures, frisson violent suivi de sueur; l'urine sort claire et ne renferme plus de sang. On se contente, pour tout traitement, de boissons chaudes et de quelques bouillons.

Le 26, le malade a dormi un peu la nuit, il a beaucoup transpiré; le frisson n'a point reparu, le pouls est à 110. La miction est pénible; les urines sortent tous les trois quarts d'heure, un tiers par la verge et les deux tiers par le périnée. La langue est humide, le malade a soif, mais il manque d'appétit.

Nous conseillons une alimentation liquide, quelques bouchées de côtelette, et nous recommandons la plus entière propreté de la région opérée.

Le 27, la veille à quatre heures, il y a eu un nouveau frisson intense qui n'a duré que dix minutes et qui a été suivi de sueurs profuses jusque vers le matin. Le pouls était monté jusqu'à 130, et nous avions ordonné 1 gramme de sulfate de quinine. Ce matin, l'opéré est un peu moins mal; il a le teint jaune, le pouls est à 100, il y a de la diarrhée, la langue est sèche dans sa partie médiane; soif intense.

Nous prescrivons du bouillon, du vin, de l'extrait de quinquina et 50 centigrammes de sulfate de quinine pour le soir.

Le 28, le frisson n'a pas reparu, les sueurs ont cessé, le malade se trouve mieux. Le pouls est à 92, la langue est humide, la diarrhée n'a pas persisté, et le malade a pu tolérer une légère alimentation.

L'urine est très-claire, très-abondante; elle s'écoule volontairement toutes les heures, mais par la plaie seulement. Il faut noter un peu de sensibilité de la région hypogastrique.

Le 29, l'amélioration persiste; le malade peut dormir, la dysurie a cessé; le pouls est à 100; la langue est humide, les digestions sont bonnes; ce matin il y a eu une selle normale. L'hypogastre est toujours sensible, l'orchite a diminué de moitié, la plaie est très-belle, il y a une ecchymose de la région bulbo-scrotale. On supprime toute médication et l'on engage le malade à s'alimenter progressivement.

Le 31, même état; rien de particulier à noter, si ce n'est que les forces du malade ne se relèvent pas, quoiqu'il mange assez bien; B... a fréquemment le hoquet, sa faiblesse est extrême.

Les urines sont claires, elles sont gardées trois heures; la miction n'est point douloureuse, un peu de liquide passe par la verge. La vessie est toujours sensible, mais les reins semblent tranquilles.

Le 3 août, l'état général s'est bien amélioré; la langue est humide, l'appétit est normal et les digestions faciles. Le pouls reste à 100, mais il n'y a point de chaleur à la peau. Le malade a recouvré un peu de forces et tous les jours on le change de lit.

Le 17, le malade va très-bien, il se promène depuis plusieurs jours dans son appartement. Le pouls est à 90, l'appétit est bon; il y a parfois un peu de diarrhée, mais c'est par excès d'alimentation.

Les urines sont toujours gardées trois heures; elles s'écoulent par le canal et rarement il en passe quelques gouttes par la plaie du périnée; celle-ci se trouve réduite à un simple pertuis.

Le 20, le malade sort en voiture et, convaincu ainsi qu'il pourra supporter le voyage, il quitte Paris malgré mon désir de le garder.

Le 24, jour du départ. le pouls est à 80; les urines sont conservées trois et quatre heures. Le malade a repris de l'embonpoint, sa santé est parfaite. Il ne reste plus au périnée qu'un petit pertuis par lequel s'engagent quelques gouttes d'urine, tous les deux ou trois jours seulement.

Le 12 octobre, une lettre du professeur Duplouy confirme le résultat obtenu ; voici quelques détails que j'extrais de cette communication : « La fistule est fermée, l'embonpoint est remarquable; teint frais, fleuri même, chairs fermes et bien remplies. On est émerveillé de voir le curé dans un tel état, lui si malingreux depuis trois ans, opéré presque *in extremis.* Je suis heureux de vous transmettre ces renseignements définitifs, c'est un beau succès pour la nouvelle méthode. »

Observation XIII.

Calcul énorme d'oxalate de chaux; lithotritie périnéale; guérison.

B..., âgé de trente et un ans, marchand, me fut adressé en 1867 par le docteur Franquet pour être traité d'un calcul de la vessie dont le début remontait à un grand nombre d'années.

Ce jeune homme, encore assez vigoureux quoique pâle et amaigri, a toujours souffert en urinant; il n'a point eu d'hématurie. Jusqu'à l'âge de neuf ans, il a toujours uriné au lit, la nuit; il y a tout lieu de supposer qu'il s'agit d'un calcul congénital. Le volume considérable de la pierre vient encore à l'appui de cette hypothèse.

L'exploration démontra que le canal était libre, que la vessie était tolérante, et que le réservoir urinaire contenait un calcul sonore à la percussion, probablement très-dur.

Deux tentatives de lithotritie n'amenèrent aucun résultat; il ne me fut pas possible de saisir la pierre, et j'acquis la certitude que l'instrument, quoique volumineux, était insuffisant, eu égard aux dimensions probables du calcul.

Le volume de la pierre, sa dureté extrême, les

conditions de santé du malade, tout convergeait vers une extraction du calcul.

La lithotritie périnéale fut pratiquée le 7 juin, avec l'assistance de mon confrère et de mes trois internes.

Les premiers temps de l'opération furent régulièrement exécutés, mais l'extraction présenta de réelles difficultés. La tenette de Lüer prenait très-mal le calcul, et la résistance de celui-ci était telle, qu'il échappait à la pression. Après bien des efforts, je fragmentai la pierre, et je pus terminer l'extraction.

L'opération avait duré une heure un quart; il n'y eut point d'hémorrhagie, et pendant tout le temps, le malade resta plongé dans l'anesthésie.

La pierre était d'oxalate de chaux : elle était blanche et mesurait plus de 6 centimètres dans son grand diamètre. C'était un calcul lamellé dont les couches étaient très-denses.

Les suites furent simples; le malade était levé le sixième jour et, le dix-septième, la plaie était absolument cicatrisée. La dysurie avait complétement cessé dès le troisième jour.

Un mois après l'opération, le malade gardait ses urines cinq heures de suite. La santé générale était excellente, on constatait un notable embonpoint.

Les diverses circonstances relatées dans l'observation démontrent que la lithotritie était impraticable dans ce cas particulier; que la taille eût été dangereuse, à cause des dimensions de la plaie qu'il aurait fallu faire pour extraire un calcul aussi volumineux. Dans ce cas, le broiement de la pierre a rendu d'énormes services, mais l'insuffisance des casse-pierre a été surabondamment démontrée.

J'ai revu mon opéré en mars 1868 ; sa santé était parfaite. Les voies urinaires étaient en bon état. Le malade m'a fait la confidence suivante : Depuis son opération, il a eu fréquemment des rapports sexuels ; l'éjaculation est très-rapide, le sperme ne présente aucune trace de sang.

Observation XIV.

Calcul moyen de cystine ; tentatives de lithotritie ; lithotritie périnéale ; guérison.

G..., trente-six ans, instituteur, souffre d'une dysurie qui remonte à un grand nombre d'années.

Étant tout jeune, le malade a été longtemps sujet à l'incontinence d'urine nocturne. C'est une hématurie abondante qui a poussé le malade à consulter ; sans cet accident il acceptait, comme une infirmité incurable, cette dysurie que divers médicaments avaient été impuissants à faire cesser.

Le 2 avril 1867, je procède à une première exploration, qui démontre que l'urèthre est libre, mais sensible. Le 3, je passe une sonde métallique à faible courbure, et je constate l'existence d'une pierre peu volumineuse en apparence ; elle paraît mobile.

Cette tentative fut suivie d'un accès de fièvre, avec un frisson violent qui dura trois quarts d'heure (purgatif).

Le 10, je commence le traitement préparatoire par les bougies du n° 18 au n° 23.

Le 15 et le 16, injections vésicales.

Le 17, violent accès de fièvre pour lequel on administre un nouveau purgatif.

Le 19, nouvelle injection, sans accidents.

Le 20, première tentative de lithotritie. La pierre est difficile à saisir ; elle mesure 3 centimètres et demi ; sa consistance est singulière, ce qui s'explique bientôt, car je trouve dans la cuillère du brise-pierre une sorte de pâte jaune. Ce calcul est constitué par de la cystine, ainsi qu'il est facile de s'en assurer à l'odeur alliacée résultant de la projection de quelques fragments sur des charbons ardents.

Cette séance de lithotritie, quoique courte, deux à trois minutes, a provoqué un nouvel accès de fièvre avec malaise général. On suspend le traitement, et l'on conseille au malade les purgatifs et les amers.

Le 30, deuxième séance de lithotritie de trois minutes environ. La pierre est toujours difficile à saisir, ce qui rend la manœuvre assez douloureuse.

Le 1er mai, nouvel accès de fièvre, douleurs dans

les reins, grande prostration. Le frisson a duré près d'une heure, et la réaction a été difficile à obtenir.

Jusqu'au 15, le malade reste souffrant ; on constate une dyspepsie très-tenace, qui résiste à tous les moyens usités en pareil cas.

A la suite des deux séances de lithotritie, G... a rendu des fragments de pierre peu nombreux ; aussi il hésite à continuer un traitement qui, jusqu'ici, lui semble peu efficace. Mon opinion étant que de nouvelles tentatives de broiement ne seraient pas sans danger, je propose au malade de le délivrer en une seule séance au moyen de la lithotritie périnéale. La dysurie est telle, que le malade consent à l'opération, à la condition que nous aurons recours au chloroforme.

Le 20, après les précautions d'usage, nous pratiquons la lithotritie périnéale. L'opération est des plus simples, le col se dilate aisément, et bientôt la tenette ramène un bon nombre de fragments. Un seul de ces fragments ne pouvant être extrait à cause de son volume, il suffit de serrer fortement pour voir les deux branches de l'instrument se rapprocher d'une manière notable ; la cystine se laisse tasser à la manière d'une cire consistante.

L'opération terminée, nous constatons que l'ensemble des fragments forme, par leur réunion, un corps du volume d'un petit œuf de poule. Le calcul avait au moins 4 centimètres dans son grand diamètre. L'opération s'est exécutée sans la moindre hémorrhagie ; pas de pansement.

Le 21, contre toute attente, le malade n'a pas eu d'accès de fièvre ; pendant la nuit, on a noté un peu de sueur, mais le pouls n'a pas dépassé 108 pulsations ; température 37°,9.

Ce matin, pouls à 100, langue un peu sèche, mais rien de fâcheux. Ventre souple, hypogastre à peine sensible, reins sans douleurs, urines claires et abondantes. Depuis hier soir, toute trace de sang a disparu.

Nous recommandons les soins extrêmes de propreté, nous conseillons des bouillons, du potage et du vin.

Le 22, même état ; toute l'urine passe par la plaie du périnée ; il y a une véritable miction et, dans l'intervalle, le malade ne se mouille pas. Lorsque le besoin d'uriner se présente, le malade a encore le temps de prendre le bassin plat.

Le 25, grande amélioration ; le pouls est tombé à 84 ; la langue est humide, G... réclame à manger. Déjà une portion de l'urine a repris son cours naturel. Alimentation.

Les jours suivants, l'amélioration continue d'une manière progressive et, le 30, le malade peut se lever pendant la demi-journée.

Le 6 juin, la plaie est presque fermée ; il ne s'écoule qu'un quart environ de l'urine par la voie accidentelle. Bon état général : le malade se promène dans sa chambre, il ne souffre plus du tout.

Le 10, la plaie est cicatrisée ; depuis hier, il n'a plus passé d'urine. Le malade conserve ses urines pendant trois et quatre heures ; il engraisse, sa gaieté est extrême, et il répète constamment qu'il ne comprend pas pourquoi l'on n'opère pas ainsi tous les calculeux.

Au mois de juillet, le malade avait quitté Paris bien portant, et avait repris ses pénibles fonctions d'instituteur communal.

La guérison persistait en octobre 1869.

OBSERVATION XV.

Gros calcul d'oxalate de chaux lamellé ; lithotritie périnéale ; guérison.

Le 29 novembre 1866, est entré à l'hôpital Saint-Antoine le nommé R..., âgé de dix-huit ans, exerçant la profession de cordonnier. Cette observation a été rédigée sur des notes qui m'ont été fournies par le docteur Sautereau, alors interne dans mon service.

R... a été admis dans nos salles à l'occasion de troubles importants survenus du côté des voies urinaires. Il raconte que depuis sa naissance il a toujours souffert ; longtemps il a uriné la nuit involontairement ; chaque fois qu'il urinait, il était pris de douleurs vives à l'hypogastre en même temps qu'à l'extrémité de la verge; jamais d'hématurie, les urines sont claires et limpides.

Ce garçon est peu développé; il porte les traces évidentes d'une décrépitude physique et intellectuelle assez prononcée. Il est petit et maigre, sa face est pâle, terreuse; il répond à peine aux questions qu'on lui adresse, il semble en proie à une faiblesse considérable et croissante.

La verge est très-volumineuse, d'une longueur insolite; il y a là les signes certains que ce jeune garçon s'adonne aux mauvaises habitudes de la masturbation. Rien de notable du côté du bas-ventre et des reins.

Foucher, qui avait examiné le malade, avait reconnu la présence d'un calcul; il avait fait antérieurement, sans succès, deux tentatives de lithotritie.

L'exploration démontre que la vessie renferme un calcul volumineux et probablement très-dur.

Les jours suivants, on constate que le malade a presque constamment de la fièvre le soir; il se plaint de douleurs sourdes dans la région hypogastrique; les urines sont troubles et laissent déposer du muco–pus.

Dyspepsie et inappétence presque complète.

En présence de l'état général du malade, de sa grande faiblesse, des accidents qu'ont provoqués les tentatives de lithotritie, nous conseillons le repos et les émollients. Nous nous proposons de débarrasser la vessie en une seule fois, aussitôt que le calme sera suffisamment rétabli.

Le 18 janvier, nous procédons à l'opération de la lithotritie périnéale, en présence de notre ami le docteur Millard.

L'opération a été simple, elle n'a duré qu'une demi-heure. Le calcul était très-difficile à fixer et surtout d'une dureté excessive; c'était une pierre d'un gris noirâtre, composée exclusivement d'oxalate de chaux lamellé.

Il n'y a point eu d'hémorraghie et le malade a été recouché sans sonde et sans aucun pansement.

Le jour même de l'opération, les urines ont été rendues par la voie naturelle, mais la plus grande partie s'est écoulée par la plaie du périnée. La dysurie a cessé et la douleur se réduit à un léger sentiment de chaleur au moment de la miction.

Dans la soirée quelques vomissements tenant probablement au chloroforme, légère accélération du pouls.

Le 19, le malade a passé une bonne nuit, il est presque sans fièvre et semble heureux d'avoir été soulagé. Il n'y a pas d'incontinence d'urine et plus de la moitié de ce liquide passe déjà par l'urèthre. Les urines sont du reste assez claires, ne renfermant point de sang (bouillons, potages).

Le 20, le malade se trouve bien; il est pris vers midi d'un frisson qui dure trois quarts d'heure, suivi d'une réaction favorable. Les urines sont redevenues muqueuses et le malade refuse toute espèce d'alimentation.

Le 21, la fièvre n'a pas reparu, quoique le sulfate de quinine n'ait point été administré. Le pouls est à 88 ; l'appétit nul.

Le 22, légère fièvre continue avec inappétence complète. Rien à noter du côté de la plaie qui se comble ; c'est à peine si quelques gouttes d'urine s'engagent maintenant par le périnée. La dysurie est légère, mais les urines toujours fortement muqueuses.

On met le malade à l'usage de l'eau de Contrexéville; il prendra des bouillons.

Les jours suivants, un peu d'amélioration se manifeste et, vers le 25, l'appétit reparaît; toutefois il y a toujours un peu de recrudescence fébrile vers le soir.

Le 15 février, l'état général est excellent; le malade a repris des forces, il se lève depuis douze jours. Cependant il y a toujours un peu de cystite et les urines s'éclaircissent lentement. Quant à la plaie elle est réduite à une fistule qui résiste aux cautérisations et à la compression.

Le 15 avril, la guérison est définitive. Si le résultat a été long à obtenir, il a néanmoins été complet. Les forces sont revenues, le jeune homme a grandi, et tout en restant peu intelligent, il semble être sorti de cette espèce de stupeur qui n'était évidemment que le résultat de la souffrance prolongée.

J'ai revu le malade complétement guéri en 1868 et les commencement de 1869. La santé était très-bonne, au voies urinaires en parfait état ; j'ai su que les rapprochements sexuels avaient lieu normalement.

OBSERVATION XVI.

Calcul volumineux d'acide urique; lithotritie périnéale; guérison.

M. S... habite Rambouillet. Il vint me consulter, au mois de novembre 1868, pour une dysurie dont il se traitait par correspondance, d'après les avis d'un praticien de Lyon.

Toute une série de pommades, de pilules, sans compter les tisanes et les élixirs, avaient été impuissants à calmer cette maladie, caractérisée par la fréquence dans le besoin d'uriner, par une douleur constante au périnée, douleur qui augmentait notablement à la fin de l'émission des urines. Il y avait eu plusieurs hématuries; il n'était donc pas douteux qu'il exsitait là un calcul, et la sonde en démontra l'existence.

Quelques jours plus tard, un brise-pierre n° 2 fit reconnaître que la pierre mesurait au moins 6 centimètres et que sa consistance était considérable.

Le malade, âgé de soixante ans, souffrait depuis sept à huit ans; il avait maigri. Je crus qu'il valait mieux débarrasser M. S... en une seule fois, que de l'exposer au danger répété qu'entraînerait une lithotritie devant durer deux ou trois mois.

Le malade ayant accepté l'opération, la lithotritie périnéale fut pratiquée dans un hôtel de mon voisinage, avec l'assistance de mes internes. Le docteur Forget, qui avait été convoqué, manqua le rendez-vous.

L'opération fut simple, et un nouveau casse-pierre, construit sur mes indications par la maison Charrière, réduisit facilement en morceaux un calcul du volume d'un gros œuf. L'instrument entamait le corps étranger sans le saisir autrement que sur sa circonférence, l'écartement de la tenette étant toujours inférieur au diamètre de la pierre.

L'opération a duré quarante minutes; pas d'hémorrhagie. Comme toujours, le malade a été laissé sans sonde et sans pansement.

Les suites ont été simples; pas d'accès de fièvre, le pouls n'a jamais dépassé 100 pulsations.

Le huitième jour, le malade se levait et le seizième la plaie du périnée était complétement cicatrisée.

Au moment où le malade a quitté Paris, il n'y avait plus trace de dysurie; il pouvait conserver ses urines quatre heures sans en être incommodé.

Observation XVII.

Calcul d'acide urique ; valvule énorme du col de la vessie ;
lithotritie périnéale ; guérison.

Au mois de juillet 1868, M. C..., du département
de la Creuse, vient consulter pour une hématurie qui
date de près d'une année. Chaque fois que le malade
marche longtemps, et surtout lorsqu'il va en voiture, il
rend des urines fortement chargées de sang. Quant à
la dysurie, elle est presque nulle.

M. C..., ancien magistrat, a soixante-trois ans ; il est
gros et court, assez bien conservé ; il n'a jamais fait de
maladie, mais à plusieurs reprises il a rendu de véritables calculs d'acide urique. Le malade nous présente
une boîte renfermant des calculs qui pour la plupart
sont plus gros que des pois. Ces concrétions, au nombre
de trente environ, ont été rendues facilement, et jamais
le malade n'a souffert de coliques néphrétiques. Depuis
deux ans, le malade n'a plus rendu de calculs, et c'est
depuis cette époque que les urines ont commencé à
renfermer du sang.

L'état général est bon : les fonctions digestives sont
normales ; le malade accuse seulement quelques douleurs de reins. A l'état de repos, les urines sont claires
et sans mucosités.

Le cathétérisme avec une sonde molle s'exécute facilement; l'urèthre est libre, peu sensible, mais la boule exploratrice ne pénètre pas dans la vessie, quoique la bougie ait presque totalement disparu dans le canal. Cette circonstance me fait admettre un allongement de la région prostatique, et par le toucher rectal je constate, en effet, que la prostate s'élève à une hauteur anormale.

Les jours suivants, en employant une sonde métallique à courbure brusque, je rencontre une difficulté notable pour pénétrer jusque dans la vessie. L'exploration attentive démontre : 1° l'existence d'une valvule uréthro-vésicale de près de 1 centimètre de hauteur ; 2° la présence d'une pierre de moyenne grosseur, logée dans le bas-fond très-déprimé de la vessie.

Cette exploration assez pénible n'a point été suivie d'accidents généraux.

Six jours plus tard, première séance de lithotritie avec un brise-pierre fenêtré du n° 2. L'introduction est difficile, un peu de sang s'écoule par l'urèthre. Recherche de la pierre facile : à deux reprises je constate que le calcul a environ 3 centimètres de diamètre; la fragmentation démontre que ce calcul est dur et composé d'acide urique.

Cette séance, courte d'ailleurs, entraîne une légère réaction fébrile; il y a de l'embarras gastrique ; les jours qui suivent, le malade se plaint de souffrir vivement et cependant il n'a pas rendu la moindre parcelle de pierre.

En présence des difficultés du cathétérisme, de la réaction générale qui a suivi la première tentative, de la dysurie très-notable et persistante ; prenant en considération que le malade a passé soixante ans, que plusieurs séances de lithotritie seront nécessaires pour terminer la cure, je propose au malade de le débarrasser en une seule fois, par une opération simple, qui me paraît moins dangereuse pour lui qu'une série de séances incertaines de lithotritie.

Le malade accepte l'opération, et huit jours plus tard je le débarrasse de sa pierre au moyen de la lithotritie périnéale.

L'opération fut des plus simples : la région prostatique était dilatée et la valvule du col ne fit point obstacle à l'introduction des instruments.

Cinq jours après, sans réaction appréciable, le malade se levait dans un fauteuil et commençait à manger régulièrement.

Le douzième jour, la plaie ne laisse plus passer d'urine, et la miction se fait aisément toutes les deux heures seulement.

Le vingtième jour, cicatrisation solide ; urines claires, conservées cinq et six heures ; pas de dysurie.

J'ai sondé le malade avant son départ, et il m'a semblé que l'obstacle qui existait au col de la vessie était beaucoup moins prononcé qu'au moment de l'opération.

La pierre, que nous avons enlevée par fragments, avait la forme d'un disque; elle mesurait plus de 3 centimètres dans son diamètre. Elle était formée d'acide urique pur; sa structure était granulée.

Revu en 1871, le malade ne présente aucun des signes annonçant la récidive de la pierre.

Observation XVIII.

Calcul d'acide urique ; tentatives de lithotritie; lithotritie périnéale ; guérison.

Le docteur B..., âgé de soixante-douze ans, adressé, en février 1868, par M. le docteur Boucher (de Sancergues), vint nous consulter pour une affection ancienne de la vessie.

Le malade, un peu amaigri, mais bien constitué, est sourd; il est atteint d'une cataracte. M. B... souffre d'une dysurie qui remonte à environ trois ans.

Pendant longtemps, notre confrère a été tourmenté seulement par des besoins fréquents d'uriner; mais, depuis six mois, il est en proie à des douleurs cruelles qui se répètent nuit et jour. Il a été obligé de renoncer à sortir, à cause des douleurs que provoquait la voiture. Depuis la même époque, le malade accuse des vertiges cérébraux, des accès fébriles revenant spontanément et à des époques assez rapprochées ; le malade a maigri, quoique conservant encore l'intégrité absolue des fonctions digestives.

M. B... accuse tous les phénomènes classiques de la pierre, y compris l'hématurie; cependant il a été sondé à plusieurs reprises par divers praticiens de son département, et l'on n'a pu constater la présence d'aucun calcul. Dans le but de soulager les souffrances du malade, on lui a conseillé l'usage de la sonde, les injections de toutes sortes, même avec le nitrate d'argent; on a eu recours aux narcotiques et à tous les calmants imaginables.

Le 12 février, nous procédons à l'exploration méthodique des voies urinaires, et nous constatons : étroitesse du méat avec un canal libre; prostate un peu augmentée de volume. Le cathétérisme ne révèle d'abord rien d'anormal dans la vessie, mais en explorant, après avoir distendu l'organe par une injection, nous percevons un choc manifeste de l'instrument sur un calcul qui paraît situé en haut et en avant, par rapport au col vésical. La vessie est très-irrégulière ; elle renferme de grosses colonnes charnues; du reste, elle est assez tolérante aux manœuvres.

Du 12 au 17 février, nous dilatons l'urèthre au moyen des bougies d'étain.

Le 17, première séance de lithotritie avec un brise-pierre n° 1; séance courte, facile, mais douloureuse, non suivie de réaction. La pierre a été saisie, fragmentée ; elle mesure environ 3 centimètres ; elle est très-dure et composée d'acide urique.

Le 23, deuxième séance très-pénible, mais très-productive.

Le 24, pas d'accidents généraux ; le malade se plaint de douleurs très-vives et continuelles qui siégent dans le gland et vers l'anus.

Dans la nuit du 27, il y a eu une indigestion violente, avec selles nombreuses, vomissements, refroidissement général ; il est probable que tous ces accidents ont été causés par l'ingestion d'un poison de mauvaise qualité. Le malade est très-affaibli, il a la langue sèche, le pouls fréquent ; il ne cesse pas de gémir.

Les jours suivants, l'embarras gastrique persiste ; il y a de la diarrhée, perte d'appétit ; la langue est sèche, le pouls est à 100.

Le 2 mars, l'état général est toujours bien mauvais ; le malade se plaint de douleurs incessantes et atroces, il passe ses nuits sans sommeil, ses forces s'épuisent. Nous pratiquons d'urgence la lithotritie périnéale, avec l'assistance des docteurs Daix, Béhier, Magdelain, Raillard, Bourgeois et Powell.

Le malade est soumis au chloroforme.

Opération facile ; à peine le malade perd-il deux cuillerées de sang. Une fois le col dilaté, les petites tenettes ramenèrent assez facilement une pierre contenue dans la vessie. C'est un calcul allongé, plat, dont les deux extrémités ont été détruites par la lithotritie ; il mesure en longueur 3 centimètres, en largeur 2 centimètres, en épaisseur 1 centimètre.

Ce calcul existait seul dans la vessie; j'ai été assez heureux pour le saisir par une extrémité et suivant son épaisseur; aussi l'extraction a-t-elle été facile.

La lithoclastie ayant été inutile, l'opération a été rapidement terminée.

Dans la soirée, le malade qui, quoique faible, avait passé une assez bonne journée, a eu, vers les trois heures, un frisson de trois quarts d'heure, suivi de sueurs abondantes. L'urine coule par les deux voies; elle est claire, mais l'émission est pénible.

On donne au malade quelques bouillons, un peu de vin; son état de faiblesse nous fait éloigner l'idée de lui faire prendre de l'opium.

Le 3, le malade est un peu moins faible; il a dormi quelques heures; le pouls est à 76. La langue est sèche; rien du côté des reins; ecchymose du scrotum; mictions pénibles d'heure en heure.

Le 4, M. B... a repris quelques forces, grâce à un peu d'alimentation bien supportée; la langue est moins sèche, le pouls est à 80; les urines, quoique très-claires, sont d'une fétidité notable; l'émission en est toujours douloureuse; les besoins se sont rapprochés. Quant au malade, il est profondément découragé, il ne cesse pas de gémir; cependant, les choses paraissent en bonne voie : la plaie suppure, le pouls a repris de la force, et l'alimentation est vraiment réparatrice ; les voies digestives sont du reste en parfait état.

Dans le but de soulager le malade, qui se plaint surtout des besoins fréquents d'uriner qui troublent son sommeil, nous l'engageons à prendre de l'opium en lavements et en potions.

Le 5, toujours même état ; le malade n'a point été soulagé par l'opium ; il rend toujours des urines fétides sans que nous puissions nous en expliquer la raison.

Il demeure évident que le malade est en proie à des tranchées vésicales ; la miction est très-pénible et elle s'accomplit avec des efforts très-énergiques, pendant lesquels le malade expulse des matières intestinales.

Malgré toutes les dénégations de M. B..., je conclus de l'examen des phénomènes que la vessie se vide difficilement, et j'impose à mon confrère une sonde à demeure.

Le 6, le malade a eu peut-être un petit frisson de quelques minutes ; il est du reste très-agité ; il se plaint très-amèrement de sa sonde, mais les crises vésicales ont cessé. Le pouls est à 70, la langue humide, la plaie en voie de réparation.

Je dois mentionner que, depuis l'opération, le malade a toujours conservé la faculté de rendre volontairement ses urines : l'occlusion de la vessie était parfaite et rien ne passait par la plaie, sauf au moment des mictions volontaires.

Le 8, le malade va bien ; le pouls est à 64, les digestions sont bonnes ; la sonde est toujours péniblement supportée ; depuis que le malade a eu recours à ce moyen, il a cessé d'avoir de grandes douleurs, et il dort régulièrement.

Néanmoins, notre pauvre malade est épuisé moralement et physiquement ; sa situation n'est pas sans nous inspirer quelques inquiétudes. Nous sommes surtout préoccupé par l'extrême fétidité des urines.

Le traitement consiste dans des soins d'extrême propreté ; on alimente le malade autant que possible.

Le 9, le malade va mieux ; son courage renaît ; aussi paraît-il moins affaibli.

Nous enlevons la sonde à demeure. La plaie suppure, l'ecchymose du scrotum a disparu ; il reste un peu de tuméfaction douloureuse de la région du bulbe ; la fétidité des urines persiste.

Le 10, depuis deux jours, c'est-à-dire six jours après l'opération, le malade se lève ; il urine facilement et sans douleurs, il garde ses urines une heure et demie ; la plus grande partie du liquide passe maintenant par l'urèthre. L'appétit est très-bon, les digestions excellentes.

Le 13, le malade a souffert de nouveau ; les urines sont devenues brunes et fétides, et il est demeuré évident que la vessie ne pouvait se vider seule. J'ai mis de nouveau la sonde à demeure, et aujourd'hui, tout est rentré dans le calme. L'état général est bon, il y a de l'appétit ; la tuméfaction du bulbe a cessé, la plaie est diminuée de moitié ; elle est remplie de bourgeons charnus de bonne nature.

Le 15, le malade ne souffrant plus et désireux de rentrer chez lui, demande à partir ; il quitte Paris, moins de deux semaines après avoir subi la lithotritie périnéale. On peut considérer le malade comme guéri, mais il conservera pendant longtemps l'obligation de recourir au cathétérisme.

M. B... est rentré chez lui, et bientôt la cure a été complète. J'ai plusieurs fois reçu de ses nouvelles, et je puis dire que la guérison ne s'est point démentie, puisque aujourd'hui, janvier 1872, notre confrère, malgré ses soixante-seize ans accomplis, jouit encore d'une santé excellente.

OBSERVATION XIX.

Dysurie ancienne ; calcul phosphatique ; lithotritie périnéale ; guérison.

M. C..., libraire-éditeur, âgé de soixante-cinq ans, se confia à mes soins dans le courant de l'année 1869. Voici les antécédents principaux de cette affection complexe des voies urinaires :

M. C... est un malade d'une constitution vigoureuse, d'un tempérament nerveux ; c'est un homme énergique. Il souffre depuis longues années d'une dysurie pour laquelle Mercier a pratiqué la section d'une valvule ; le malade a manqué périr d'hémorrhagie.

M. C... fut ensuite soigné par divers spécialistes, puis il me fut adressé par le docteur Verliac, une première fois, au commencement de 1868. Nous constatâmes, à cette époque, une cystite purulente avec une énorme prostate, le tout compliqué d'un rétrécissement extrême dans la région bulbeuse. Depuis longtemps, le malade ne rendait ses urines que par le secours de la sonde.

L'état général était tellement mauvais, que je n'explorai même pas la vessie ; toute intervention chirurgicale me parut contre-indiquée par l'existence d'une double néphrite. Le malade vomissait ; on constatait de l'œdème des membres inférieurs ; l'urine contenait une proportion notable d'albumine.

Je fis espérer au malade qu'on pourrait lui faire une opération ; l'époque en était seulement subordonnée au rétablissement des voies digestives. C'était un bien mauvais cas ; aussi, dans les mois qui suivirent, le malade changea-t-il plusieurs fois son médecin ordinaire ; c'est ainsi que le docteur Lorain succéda à Verliac, pour être remplacé bientôt par de la Grandière. Les uns et les autres rivalisèrent de zèle, sans que le pauvre incurable obtînt un soulagement notable.

Cependant, les troubles digestifs s'amendèrent lentement, et en juillet 1869, M. C…, beaucoup mieux portant, quoique souffrant toujours de sa dysurie, me fit demander et me rappela la promesse que je lui avais faite de le guérir par une opération.

Le malade avait repris ses forces, ses digestions étaient meilleures, les jambes n'étaient plus enflées ; le malade, obligé de se sonder toutes les vingt minutes, jour et nuit, ne pouvait faire un mouvement sans souffrir horriblement. Il avait inutilement essayé de sortir en voiture ; sa grande énergie avait été vaincue, car chaque fois des douleurs atroces le condamnaient au repos absolu.

L'exploration de la vessie, quoique difficile, et à cause de l'angustie et à cause des douleurs, fit constater la présence d'une pierre peu volumineuse en apparence. On le comprendra aisément, l'indication était difficile à poser en présence d'une situation aussi compliquée : santé générale passable, mais affection ancienne des voies urinaires, néphrite latente, rétrécissement extrême de l'urèthre, engorgement de la prostate, rétention absolue d'urine.

Fallait-il s'abstenir, fallait-il offrir au malade une chance de salut par l'opération ? Nélaton fut appelé en consultation ; il conseilla d'intervenir, et après mûre discussion, la lithotritie périnéale fut proposée par les consultants et acceptée par le malade.

L'opération fut pratiquée à la fin d'août 1869 ; l'exécution en fut des plus simples; la pierre put être écrasée, grâce à sa constitution phosphatique, et l'extraction en fut très-facile.

Le malade fut sondé régulièrement et, malgré son indocilité, la plaie se ferma très-rapidement. Le premier jour, M. C... se sonda lui-même; cinq jours après l'opération, je le trouvai levé, debout, et occupé à se faire la barbe. Pas le moindre accident ; le pouls n'a jamais dépassé quatre-vingts pulsations.

Je partis alors pour un voyage ; à mon retour, moins d'un mois après l'opération, je trouvai mon malade parfaitement rétabli. Les douleurs avaient cessé, il ne restait plus que la dysurie prostatique, pour laquelle l'usage de la sonde demeurait toujours indispensable.

M. C... a succombé, en mai 1870, à une fluxion de poitrine.

Observation XX.

Calcul de phosphate de chaux ; lithotritie périnéale ; guérison.

D..., cultivateur dans le département du Cher, me fut adressé en août 1869, par le docteur Bonnet (de la Charité) ; la pierre avait, du reste, été constatée par le docteur Thomas (de Nevers).

Il s'agit d'un homme âgé de soixante-huit ans, qui a toutes les apparences d'une très-bonne santé ; il ne

cesse de gémir à l'occasion d'une dysurie qui le tourmente depuis deux ans environ.

Depuis un grand nombre d'années, ce malade ne
rend plus ses urines qu'au moyen de la sonde, l'engorgement prostatique ne permettant plus à la miction
de s'exécuter.

Le cathétérisme nous fait constater l'existence d'une
pierre peu volumineuse, probablement phosphatique.
Le calcul est contenu dans une vessie notablement
enflammée ; les urines renferment une proportion
importante de muco-pus.

Il est probable qu'on fût arrivé assez facilement à
débarrasser le malade au moyen de la lithotritie ordinaire ; néanmoins, je lui proposai la lithotritie périnéale pour les motifs suivants : la prostate étant volumineuse et la vessie ne pouvant se vider seule, le
traitement eût été nécessairement très-long par suite de
l'obligation où l'on se serait trouvé d'extraire successivement, avec le brise-pierre, les différents fragments
du calcul. J'ajouterai qu'il eût fallu plusieurs séances de
lithotritie, et que le malade, déjà fort en peine de son
pays, n'eût eu ni le courage, ni la patience nécessaires
pour mener la cure à bonne fin. La pierre étant peu
volumineuse et de consistance moyenne, il y avait lieu
d'espérer que la lithotritie périnéale s'exécuterait facilement ; enfin, la nécessité d'évacuer régulièrement la
vessie permettait de penser que l'urine ne traversant

pas la plaie, on obtiendrait une cicatrisation rapide.

L'opération fut fort simple et ne présenta rien de particulier à noter. La pierre avait le volume d'une noix, elle était friable ; aussi, la petite tenette suffit-elle au morcellement et à l'extraction.

Je laissai auprès de l'opéré mon interne, Félizet, avec la recommandation de pratiquer le cathétérisme toutes les deux heures.

La première journée se passa sans accident aucun ; le jour suivant, ce fut le malade qui se sonda lui-même.

Cette opération ne donna lieu à aucune espèce de réaction, il n'y eut point de fièvre et le malade s'alimenta comme si rien n'était. Dès le second jour, les lèvres de la plaie étaient agglutinées ; grâce au cathétérisme, jamais une goutte d'urine n'a traversé le périnée. Les choses se sont comportées si heureusement que, dès le troisième jour, le malade ne voulut plus conserver le lit, et le cinquième jour, je le trouvai dans la rue se promenant sur le trottoir devant l'hôtel où il était descendu.

La guérison de la plaie a eu lieu par première intention, il n'y a point eu de suppuration. Moins de quinze jours après l'opération, M. D... quittait Paris, complétement débarrassé de ses douleurs, mais toujours dans l'obligation de recourir régulièrement au cathétérisme évacuatif.

En octobre de la même année, j'ai eu de bonnes nouvelles de mon malade.

J'ai appris qu'en 1870, M. D... avait demandé des soins à Demarquay, probablement pour une récidive.

Observation XXI.

Deux calculs volumineux d'oxalate de chaux ; lithotritie périnéale ; guérison.

L'observation qui va suivre a été rédigée par mon interne, Lordereau. Le malade qui en fait l'objet m'était adressé par le docteur Legrand du Saulle.

M. A... (Louis-Xavier), âgé de dix-sept ans, entre le 3 novembre 1869 à l'hôpital Beaujon. C'est à l'âge de onze ans, c'est-à-dire il y a environ six ans, que ce malade dit avoir ressenti les premiers symptômes de son affection. Ce furent d'abord des douleurs dans la vessie, peu intenses, revenant à intervalles irréguliers. A cette époque, M. A... urinait plus souvent que ses camarades, environ toutes les heures : une seule fois il rendit un petit gravier blanc. Son état resta stationnaire à peu près quatre ans.

Il y a environ dix-huit mois, les douleurs devinrent plus fréquentes, presque incessantes ; de plus, le malade signale une sensation de poids à l'hypogastre et au périnée ; il a conscience qu'un corps étranger se déplace fréquemment dans la vessie et détermine alors des douleurs et des envies d'uriner. Il mentionne enfin de la démangeaison à l'extrémité de la verge. Dès cette époque, l'urine devint muco-purulente, sans jamais renfermer de sang. Toutes les demi-heures, le malade était obligé d'uriner, et bien des fois il a vu le jet s'interrompre brusquement en même temps qu'il sentait le calcul se déplacer.

Depuis huit mois, tous les phénomènes que nous venons de mentionner ont augmenté d'intensité, et c'est à peine si le malade peut conserver ses urines plus d'un quart d'heure.

Par le cathétérisme, on reconnaît l'existence d'un calcul gros, dur, contenu dans une vessie très-sensible. Dans ces conditions, nous abandonnons l'idée d'une lithotritie ordinaire pour avoir recours immédiatement à la lithotritie périnéale.

L'opération fut pratiquée le samedi 13 novembre. Le malade, très-vigoureux et adonné aux habitudes alcooliques, fut difficile à endormir. Les premiers temps opératoires s'exécutèrent facilement, l'extraction fut longue, d'une part à cause de la disposition anfractueuse de la vessie, d'autre part à cause de la multiplicité des pierres. Nous avons dû morceler un calcul de 3 centimètres, puis un autre de 4 centimètres.

L'opération s'est achevée sans accidents notables; elle a duré environ quarante minutes; la quantité de sang qui s'est écoulée est complétement insignifiante.

Plusieurs fois, dans le cours de cette opération, nous avons pu constater que le col de la vessie se contractait au point de fermer l'orifice ; à deux reprises différentes, l'opérateur a pu faire une injection qui était conservée dans la vessie.

Le calcul est tout entier formé d'oxalate de chaux d'une couleur brun noirâtre ; c'est une pierre granulée. Le volume total des fragments enlevés peut être comparé, comme dimension, à celui d'une sphère dont le diamètre serait de 6 centimètres.

Le premier jour s'est passé sans accidents, le malade urine de demi-heure en demi-heure ; une portion du liquide s'écoule par les voies naturelles. Dans l'intervalle des mictions, il n'y a point d'incontinence et le malade est à sec dans son lit.

Les jours suivants, le malade se plaint d'une douleur hypogastrique, assez considérable pour nécessiter l'application de dix sangsues. Du reste, il n'y a point de fièvre, le malade s'alimente ; l'urine est normale.

Le dixième jour, l'urine est conservée longtemps, il y a par jour de trois à quatre mictions ; la plus grande partie de l'urine sort par les voies naturelles, c'est à peine si quelques gouttes s'échappent par le périnée. Le malade ne souffre plus et l'état général est excellent.

Le douzième jour, la plaie est entièrement fermée,

l'urine sort exclusivement par la verge, le malade se lève. Bon sommeil et bon appétit.

Dans la nuit du dix-neuvième au vingtième jour, la plaie devenue douloureuse a laissé passer une petite quantité d'urine. Les jours suivants, on surveille le malade, et l'on acquiert la certitude que c'est volontairement qu'il a rouvert la plaie du périnée. C'est un jeune détenu qui préfère rester à l'hôpital, il prolonge à dessein son séjour pour ne point retourner trop vite en prison.

Le vingt-cinquième jour, la cure est définitive, le malade va très-bien, il marche toute la journée et va au jardin. Nous avons gardé cet opéré encore plusieurs semaines et la guérison ne s'est pas démentie.

Observation XXII.

Calcul volumineux d'acide urique; lithotritie périnéale; mort (1).

M. B..., habitant Château-Thierry, âgé de soixante-huit ans, me fut adressé au mois de novembre 1869, par le docteur Corlieu, pour être traité d'un calcul de la vessie. Ce malade a été opéré à l'hôpital Beaujon, et l'observation en a été rédigée d'après les notes qui m'ont été remises par Lordereau, interne de service.

Depuis l'âge de trente ans, c'est-à-dire depuis envi-

(1) Les pièces anatomiques ont été présentées à la Société de chirurgie.

ron trente-huit ans, M. B... a eu des accès de coliques
néphrétiques qui se répétaient à peu près tous les ans.
Ces crises, un peu plus fréquentes dans les dernières
années, ont été suivies de l'émission de gravelle dont
les grains oscillaient, comme volume, de celui de la tête
d'une épingle à celui d'un noyau de cerise. La couleur et la dureté de ces diverses concrétions indiquent
qu'il s'agit de dépôts uriques.

Ce malade n'a jamais été traité, on se contentait de
lui prescrire le laudanum pendant la durée de ses
crises néphrétiques. Suivant le dire du malade, il
aurait été soigné antérieurement pour quelques accidents goutteux portant sur les membres supérieurs.

Les troubles du côté de la vessie remontent à deux
ans environ ; M. B... indique des envies fréquentes et
impérieuses d'uriner. La miction qui se répétait d'a-
bord toutes les heures, puis toutes les demi-heures,
s'accompagne de douleurs qui s'irradient dans toute
l'étendue de l'urèthre ; en outre, la vessie est le siége
de sensations tellement vives que le malade affirme
qu'il a songé plusieurs fois à se suicider. Il a, du reste,
conscience que sa vessie renferme un corps étranger
mobile ; souvent le jet de l'urine s'arrête, et c'est à
force de modifications dans l'attitude que M. B... finit
par déplacer l'obstacle, et par suite, termine l'émission
des urines. Le séjour en voiture est devenu intolérable.
Cependant, il n'y a jamais eu d'hématurie et les urines

sont habituellement normales, elles ne contiennent qu'exceptionnellement une certaine quantité de mucosités.

La santé générale a toujours été bonne, le malade est hypochondriaque, il parle avec emphase, il exagère certainement les douleurs qu'il éprouve.

L'exploration méthodique des voies urinaires démontre que l'urèthre est libre et que la vessie renferme un calcul volumineux très-dur. Ces circonstances, jointes aux considérations tirées de l'âge du malade, de la bizarrerie de son caractère, font rejeter l'idée d'une lithotritie, et nous songeons à débarrasser la vessie en une seule séance, au moyen de la lithotritie périnéale.

L'opération est pratiquée le 18 novembre 1869, avec l'assistance de Legouest et Horteloup.

Rien de particulier à noter dans les premiers temps de l'opération. La dilatation obtenue, nous reconnaissons le calcul que nous broyons successivement au moyen de la tenette casse-pierre. Le morcellement de la pierre a été, dans ce cas, pénible et laborieux, à cause des dimensions extrêmes du calcul, 6 à 7 centimètres de diamètre, et à cause de sa dureté exceptionnelle. L'opération tout entière a duré une heure dix minutes. Pas la moindre hémorrhagie, le malade avait du reste été plongé pendant tout le temps dans le sommeil anesthésique.

La journée qui a suivi l'opération a été assez mauvaise, les malaises du chloroforme se sont prolongés longtemps ; il y a eu de l'assoupissement, des nausées ; impossible de rien obtenir du malade qui se renferme dans un mutisme absolu.

Le 19, le malade se plaint de douleurs à l'hypogastre et au périnée, l'urine sort exclusivement par la plaie ; le pouls est bon, mais le malade reste très-abattu.

Vers le quatrième jour, les douleurs commencent à diminuer, l'appétit revient, il n'y a toujours pas de fièvre, le pouls n'a pas dépassé 88, la température est normale. Le malade paraît se rattacher à l'espérance de guérir ; aussi remarque-t-on le retour des phrases emphatiques.

Le 24, même état ; le malade, dans la nuit, pris d'une sorte de délire, a introduit plusieurs fois son doigt dans la plaie sous le prétexte de s'assurer de l'état de la vessie ; il déclare, du reste, qu'il est incurable et qu'il va se laisser mourir de faim. On remarque une tolérance assez grande de la vessie, puisque la miction ne s'opère qu'environ toutes les deux heures.

Les jours suivants, le malade déraisonne complétement, il n'a point de fièvre, mais il refuse systématiquement de parler et de manger.

Dans la nuit du dimanche au lundi 29, le malade a été trouvé pendu à la corde de son lit, et c'est à grand'peine qu'on a pu le faire revenir à la vie. Pour éviter le retour de ces tentatives, nous sommes dans l'obligation de faire mettre au malade la camisole de force. B... s'agite beaucoup, se plaint très-amèrement, et, malgré les entraves, il parvient à tourmenter sa plaie au point de rougir la manche de la camisole.

Il est bien évident que nous avons affaire à un aliéné, et comme l'état général et local sont satisfaisants, nous ordonnons de faire passer la journée au malade assis dans un fauteuil.

Le 1ᵉʳ décembre, l'état général s'aggrave, le malade s'affaiblit, il ne prend presque rien ; il a de plus éprouvé un accès de fièvre ; le pouls est à 108 et la langue est sèche.

Le malade succombe le 2 décembre sans que rien ait pu le tirer de cette torpeur et de cet accès de folie.

Autopsie. — Pas de péritonite, la vessie est intacte. Le rein droit est un peu diminué de volume et légèrement anémié ; le rein gauche, au contraire, présente les traces d'une pyélo-néphrite chronique non suppurée. Le bassinet est très-dilaté, il présente des arborisations nombreuses et une teinte ardoisée.

Le foie, les poumons, ne renferment aucun abcès métastatique. L'articulation du coude contient une certaine quantité de sérosité purulente.

Le petit bassin présente les traces d'une inflammation très-ancienne, on y trouve une grosse masse de tissu cellulaire induré. Il y a là un phlegmon périprostatique chronique tout à fait comparable quant à l'aspect aux phlegmons péri-utérins de date ancienne. Dans cette masse sont englobés la vessie, le rectum ; elle se continue avec adhérences anciennes qui rattachent plusieurs anses intestinales au corps de la vessie. En un mot, le petit bassin est séparé du grand bassin par des adhérences très-solides qui réunissent la masse intestinale avec la vessie et le rectum.

Circonscrit par ces adhérences, se trouve un abcès du volume d'une pomme correspondant à l'espace péritonéal qui sépare le rectum de la face postérieure de la vessie ; c'est une pelvi-péritonite suppurée.

Quant à la vessie, elle est absolument saine, sa membrane muqueuse ne présente aucune déchirure ; la cavité n'est point enflammée, le col de la vessie est intact ; la circonférence muqueuse qui circonscrit l'orifice interne de l'urèthre est saine, elle ne présente ni ecchymose ni déchirure.

Du côté du périnée, voici ce que l'on trouve. En avant du rectum, on constate un canal assez régulier qui commence à la plaie périnéale et qui aboutit à la région membraneuse de l'urèthre. Le bulbe est demeuré sain, la région membraneuse présente une déchirure médiane, régulière, qui commence à 2 millimètres en arrière du bulbe et qui finit au devant du col de la vessie.

Les lèvres de la plaie, le trajet périnéal, l'urèthre,

ne présentent aucune trace d'inflammation ; on n'y trouve aucune suppuration digne d'être notée.

Il demeure évident que le malade a été pour beaucoup dans la terminaison funeste de l'opération qu'il avait subie ; néanmoins, il faut reconnaître que les manœuvres chirurgicales sont venues raviver une ancienne phlegmasie pelvienne qui avait passé inaperçue. La présence d'un peu de pus dans l'articulation du coude ferait supposer que dans les derniers jours de l'existence du malade, il s'était développé un certain degré de pyohémie.

FIN.

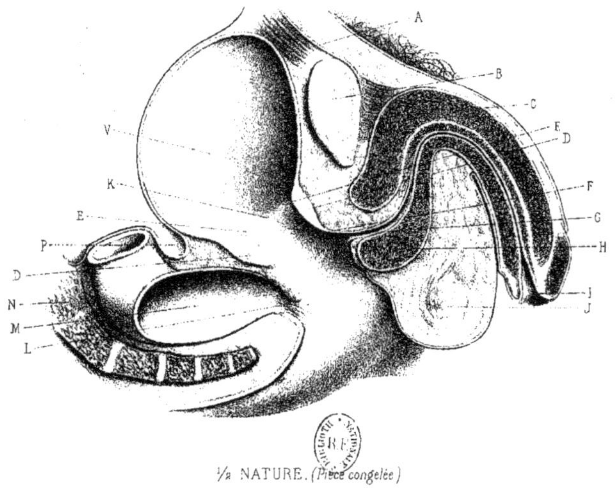

½ NATURE. *(Pièce congelée.)*

LITHOTRITIE PÉRINÉALE

Coupe antéro-postérieure du bassin sur un sujet de quarante ans. L'opération de la lithotritie périnéale a été pratiquée, puis le dilatateur resté en place, la pièce a été soumise à la congélation pour faciliter la section (1).

A. — Paroi abdominale antérieure.
B. — Symphyse pubienne.
C. — Corps caverneux.
DD. — Prostate.
EE. — Col de la vessie.
F. — Paroi supérieure de la région musculeuse de l'urèthre.
G. — Portion bulbeuse de l'urèthre.
H. — Bulbe de l'urèthre.
I. — Fosse naviculaire.
J. — Testicule.
K. — Canal artificiel creusé par le dilatateur.
L. — Orifice de l'anus.
M. — Rectum.
N. — Sacrum.
P. — Cul-de-sac du péritoine.
V. — Vessie.

(1) Cette section a été reproduite dans les dessins schématiques intercalés dans le texte et qui figurent les différents temps de la lithotritie périnéale.

TABLE DES MATIÈRES

Introduction.   1

Considérations préliminaires.   9

Notions d'anatomie et de physiologie.   22
De la situation du bulbe.   22
De la dilatation du col de la vessie.   31

Manuel opératoire de la lithotritie périnéale.   47
Position de l'opéré.   49
Premier temps de la lithotritie périnéale. — Ouverture de la vessie.   53
Deuxième temps de la lithotritie périnéale. — Lithoclastie.   63
Troisième temps de la lithotritie. — Extraction.   92

Suites naturelles de la lithotritie périnéale ; accidents et complications.   104

Valeur comparative de la lithotritie périnéale.   114

Observations.   153

FIN DE LA TABLE DES MATIÈRES.

PARIS. — IMPRIMERIE DE E. MARTINET, RUE MIGNON, 2.

LIBRAIRIE

DE

G. MASSON

Place de l'École-de-Médecine.

TABLE ALPHABÉTIQUE DES AUTEURS.

Pages.

ACTON (W.). — Organes de la génération. In-8, 6 fr................................. 16
ADANSON (M.). — Histoire de la botanique. Grand in-8, 6 fr................. 24
AGARDH (J.). — Theoria systematis plantarum. In-8, atlas, 24 fr............ 30
AGASSIZ. — Système glaciaire. In-8, atlas, 50 fr............................. 24
ALIBERT (C.). — Eaux minérales. In-8, 1 fr. 50............................... 15
ALIX. — Voyez Gratiolet.
ALLIX. — Physiologie de l'enfance. In-8, 4 fr............................... 17
ANATOMIQUE (Bulletin et table de la Société)................................ 12
ANDRAL. — Clinique médicale. 5 vol. in-8, 40 fr............................. 14
   —   Hématologie. In-8, 4 fr.. 17
ANDRÉ. — Un mois en Russie. In-18, 3 fr. 50............................... 42
ANNALES DE CHIMIE et de PHYSIQUE. — Un an, 12 numéros, 30 fr........... 43
   —   DES SCIENCES NATURELLES. — 12 numéros. Botanique, 25 fr........ 44
   —   —   Zoologie, 12 numéros, 25 fr............... 42
   —   DES SCIENCES GÉOLOGIQUES. — 4 numéros, un an, 15 fr........... 46
   —   DE DERMATOLOGIE. — 6 cahiers, 10 fr............................. 45
   —   MÉDICO-PSYCHOLOGIQUES. — 6 numéros, un an, 20 fr............. 46
ANNUAIRE SCIENTIFIQUE. — Voyez Dehérain.
ARCHIVES DE PHYSIOLOGIE. — Un an, 20 fr................................. 46
AUDOUIN et MILNE-EDWARDS. — Littoral de la France. 2 vol. grand in-8, 34 fr. 27
AUVERT. — Selecta praxis medico-chirurgicæ. 2 vol. in-folio, 500 fr...... 18
BACCALAURÉAT ÈS SCIENCES. — 3 vol. in-18, 25 fr....................... 33
BAILLON. — Euphorbiacées. In-8, atlas, 36 fr.............................. 25
   —   Buxacées. In-8, 5 fr... 25
   —   Développement de la fleur. In-8, 1 fr. 50................... 25
BALTET. — Horticulture en Belgique. In-4, 10 fr........................... 41
   —   Culture du poirier. In-18, 1 fr................................ 42
   —   L'art de greffer. In-18, 3 fr................................. 41
BARRAL (J. A.). — Trilogie agricole. In-18, 3 fr. 50..................... 42
    Voyez *Journal de l'Agriculture*.
BARRAL. — Almanach de l'agriculture. In-18, 50 cent...................... 39
BARRAL. — L'agriculture du nord de la France. 2 vol, 25 fr.............. 39
BARRÉ. — Cours complet de comptabilité. In-8, 3 fr. 50................. 35

15 Décembre 1871. — Ce Catalogue annule les précédents.

Pages.

BASSET (N.). — Fermentation. In-18, 3 fr. 50............................... 41
BATTAILLE (Ch.). — Phonation. In-8, 4 fr............................. 20
—   Enseignement du chant. In-8, 2 fr......................... 13
BAUDRY et JOURDIER. — Catéchisme d'agriculture. In-18, 1 fr............ 30
BAYARD (H.). — Maladies de l'estomac. In-8, 10 fr 16
BÉRENGUIER (A.). — Fièvres intermittentes. In-8, 5 fr.................... 16
BERNE et DELORE. — Physiologie moderne. In-8, 7 fr. 20
BERNE. — Fièvre puerpérale. In-8, 2 fr. 50...................... 16
BERT (Paul). — Animaux vertébrés de l'Yonne. In-8, 4 fr................... 24
BERTILLON. — Statistique de la vaccine. In-18, 2 fr....................... 23
BERTRAND DE SAINT-GERMAIN. — Descartes. In-8, 7 fr.................. 14
BÉTHENCOURT. — Nouveau carême de pénitence. In-18, 3 fr................ 13
BEUDANT. — Cours de minéralogie. In-18, 6 fr.......................... 28
BIBLIOTHÈQUE DE L'ÉCOLE DES HAUTES ÉTUDES. — Voyez *Hautes Études*.
BICHAT. — La vie et la mort. In-18, 3 fr................................. 23
BILLOD (E.). — De la pellagre. In-8, 10 fr............................. 20
BOBIERRE. — Engrais commerciaux. In-18, 2 fr......................... 41
BOINET. — Iodothérapie. In-8, 14 fr.................................... 17
—   Ovariotomie. In-8, 7 fr..................................... 19
BOISSIER. — Icones Euphorbiarum. In-folio, 70 fr....................... 25
BOITEL. — Pin maritime. In-8, 3 fr...................................... 42
BONAMY, BROCA et BEAU. — Anatomie. 3 atlas in-8, noir : 190 fr.; colorié :
370 fr... 12
Voyez HIRSCHFELD.
BONNET. — L'aliéné devant lui-même. In-8, 9 fr. — Voyez POINCARÉ........... 11
BORSIERI. — Instituts de médecine. 2 vol. in-8, 16 fr.................... 13
BOUCHARD. — Tuberculose. In-8, 1 fr. 50.............................. 23
BOUDET. — Voyez BOUTRON et *Journal de pharmacie*.
BOUDIER. — Ascobolés. Gr. in-8, planches col. 10 fr..................... 24
BOURDILLAT. — Calculs de l'urèthre. In-8, 4 fr......................... 23
BOURGAREL (E.). — Conseils aux mères. In-18, 3 fr. 50................... 15
BOURRUS. — Notions d'histoire naturelle. In-8, 2 fr. 15................... 27
BOUTIGNY. — État sphéroïdal. In-8, 7 fr............................... 38
BOUTRON et BOUDET. — Hydrotimétrie. In-8, 3 fr........................ 36
BRIAU. — Service de santé. In-8, 3 fr. 50.............................. 22
—   Paul d'Égine. In-8, 9 fr.................................... 19
—   Assistance chez les Romains. In-8, 3 fr. 50................... 22
BRIQUET. — Quinquina. In-8, 4 fr...................................... 21
BRISBARRE. — Philosophie. In-18, 1 fr. 50.............................. 37
BROCA (P.). — Étranglement dans les hernies. In-8, 5 fr. — Voyez BONAMY....... 17
BRONGNIART. — Voyez *Annales des sciences naturelles*.
BROWN-SÉQUARD. — Journal de physiologie. 6 vol. in-8, 108 fr............ 21
Voyez *Archives de physiologie*.
BUEK. — Index Candolleanus. In-8, 30 fr. — Voy. DE CANDOLLE 27
BULLETIN. — Société anatomique. 7 vol. in-8, 30 fr...................... 12
—   Table. 1 vol. in-8, 7 fr.
—   de diverses Sociétés. — Voy. *Sociétés*.
BUNSEN. — Méthodes gazométriques. In-8, 5 fr.......................... 36
BURAT. — Précis de mécanique. In-18, 3 fr.............................. 37
BURDEL. — Fièvres paludéennes. In-18, 3 fr. 50........................ 16

Pages.

CABANIS. — Physique et moral. 2 vol. in-18, 6 fr.............................. 21
CAHIERS D'HISTOIRE NATURELLE. — 3 vol. in-12, 6 fr.................... 26
CAMPAGNE. — Manie raisonnante. In-8, 8 fr.................................. 18
CAP. — Études biographiques. In-18, 3 fr. — Voy. *Journal de pharmacie*........ 36
CARRIÈRE. — Cures de petit-lait. In-8, 4 fr. 50................................ 20
CATÉCHISME D'AGRICULTURE. — In-18, 1 fr.................................. 39
CAVE. — Botanique agricole. In-32, 1 fr.................................... 40
CAZALIS-ALLUT. — Œuvres. In-8, 6 fr...................................... 40
CERISE. — Maladies nerveuses. In-8, 7 fr. 50. — Voy. CABANIS, ROUSSEL, BICHAT. 18
CHANCEL. — Voyez GERHARDT.
CHARCOT. — Voyez *Archives de physiologie*.
CHARNACÉ. — Animaux domestiques. In-18, 3 fr. 50........................ 40
CHASSAGNY. — Moyens hémostatiques. In-8, 2 fr............................ 11
CHASSAIGNAC. — Opérations chirurgicales. 2 vol. in-8, 28 fr................ 19
       —   Suppuration et drainage. 2 vol. in-8, 18 fr................ 15
CHAUFFARD. — Voyez BORSIERI.
CHAVASSE. — Conseils à une mère. In-18, 1 fr. 50.......................... 16
CHENU. — Conchyliologie. 2 vol. in-4, 32 fr................................ 25
   —   Campagne d'Italie. 2 vol. in-4, atlas, 80 fr........................ 17
   —   Campagne de Crimée. In-4, 20 fr.................................. 11
   —   Recrutement et population. In-4, 3 fr............................. 21
CHOMEL. — Dyspepsies. In-8, 6 fr.. 15
CHURCHILL. — Phthisie pulmonaire. In-8, 17 fr............................ 20
CLAVEL. — Éducation physique et morale. 2 vol. in-18, 3 fr................. 15
CLOQUET. — Atlas d'anatomie. 2 vol. in-4, 14 fr........................... 11
COCHARD. — Voyez DUNCKELBERG.
COCKS. — Voyez FÉRET.
COMTE (A.). — Introduction au règne végétal. 1 fr. 25...................... 30
   —   Règne animal, 90 tableaux. 114 fr.............................. 30
   —   Structure et physiologie. In-18, atlas, 4 fr. 50................. 31
   —   Planches murales. 100 planches, 350 fr......................... 27
   —   Cahiers. — Voyez *Cahiers*.................................... 26
   —   Végétaux dangereux. 3 tableaux, 15 fr.......................... 42
CONGRÈS MÉDICAL de 1867. — In-8, 12 fr.................................. 14
CORBIÈRE (DE LA). — Traité du froid. In-8, 7 fr. 50....................... 16
COSSON et GERMAIN. — Flore. In-8, 15 fr................................. 26
       —   Synopsis de la Flore. In-18, 4 fr....................... 31
COSTE. — Développement des corps organisés. 4 liv. in-plano, 208 fr......... 25
COURS D'HISTOIRE NATURELLE. — 3 vol. in-18, 18 fr...................... 26
COUTARET. — Les dyspepsies. In-8, 4 fr.................................. 15
CULLERIER. — Maladies vénériennes. In-18, atlas, 50 fr.................... 23
CUVIER. — Lettres. In-18, 1 fr... 25
   —   Le règne animal. 20 vol. grand in-8, 1310 fr..................... 30
CUZENT (S.). — Épidémie de la Guadeloupe. In-8, 4 fr..................... 17
DARWIN (Ch.). — Origine des espèces. In-8, 7 fr. 50...................... 19
DAUBRÉE. — Roches du Muséum. In-8, 2 fr................................ 25
DAUDIN. — Théâtre d'Agriculture. In-8, 7 fr. 50.......................... 39
DECAISNE. — Voyez *Annales des sciences naturelles*.
DE CANDOLLE. — Géographie botanique. 2 vol. in-8, 25 fr................. 26
       —   Prodromus. 16 vol. in-8, 274 fr........................... 30

Pages.

DE CANDOLLE. — Index Candolleanus. 2 vol. in-8, 30 fr...................... 27
DECHAMBRE (A.). — Voyez *Dictionnaire encyclopédique* et *Gazette hebdomadaire.*
DEHÉRAIN. — Annuaire scientifique. In-18, 3 fr. 50.......................... 32
DEJERNON (R.). — Vigne dans le Sud-Ouest. In-8, 5 fr...... 43
DELABARRE. — Accidents de dentition. In-8, 1 fr.............................. 14
DELASIAUVE. — Épilepsie. In-8, 7 fr. 50...................................... 16
     Voyez *Journal de médecine mentale.*
DELAUNAY. — Cours de mécanique. In-18, 8 fr................................. 37
    —   Cours d'astronomie. In-18, 7 fr. 50........................... 33
    —   Mécanique rationnelle. In-8, 8 fr............................ 37
DELIOUX DE SAVIGNAC. — Doctrine et méthode. In-8, 10 fr.................... 21
    —   Dysentérie. In-8, 8 fr............................... 15
DELORE. — Ankyloses. In-8, 2 fr. 50... 12
     Voyez BERNE.
DEMARQUAY. — Tumeurs de l'orbite. In-8, 7 fr............................... 19
DES ÉTANGS. — Suicide politique. In-8, 3 fr................................. 22
DESHAYES. — Atlas de conchyliologie. Grand in-8, noir : 30 fr.; colorié : 72 fr... 25
DEVAY. — Mariages consanguins. In-18, 2 fr. 50.............................. 18
DEVERGIE (A.). — Maladies de la peau. In-8, 10 fr........................... 20
DICTIONNAIRE ENCYCLOPÉDIQUE. — In-8, le volume 12 fr.................... 15
DIDSBURY. — Voyez CHAVASSE.
DIEU. — Matière médicale. 4 vol. in-8, 10 fr................................. 18
DIEULAFOYE. — Mort subite dans la fièvre typhoïde. In-8, 2 fr............... 18
DOLBEAU. — Clinique chirurgicale. In-8, 7 fr................................ 14
D'ORBIGNY. — Cours de paléontologie. 3 vol. in-18.......................... 29
    —   Paléontologie française. 8 vol. in-8, atlas, 465 fr................... 29
    —   Prodrome de paléontologie. 3 vol. in-18, 12 fr.................... 29
DOYON (A.). — Uriage. In-18, 3 fr. 50....................................... 23
    —   Herpès récidivant. In-8, 3 fr. 50................................ 17
    —   Voyez HÉBRA. — Voyez *Annales de dermatologie.*
DRION et FERNET. — Physique. In-8, 8 fr.................................... 38
DU BREUIL. — Instruction élémentaire. In-18, 2 fr. 50...................... 40
    —   Arbres et arbrisseaux à fruits. In-18, 8 fr...................... 40
    —   Vignoble. In-18, 3 fr. 50................................... 43
    —   Arboriculture des Ingénieurs. In-18, 3 fr. 50.................. 40
     Voyez GIRARDIN.
DUNCKELBERG. — Prairies irriguées. In-8, 5 fr.............................. 42
DUPLAY. — Voyez FOLLIN.
DUVIVIER. — La mélancolie. In-18, 3 fr...................................... 18
EDWARDS (MILNE-). — Cahiers. 3 vol. in-12, 6 fr............................ 26
    —   Cours de zoologie. In-18, 6 fr................................. 26
    —   Introduction à la zoologie. In-18, 2 fr. 25..................... 31
    —   Notions préliminaires. In-18, 3 fr............................. 31
    —   Leçons sur la physiologie. 9 vol. in-8, 81 fr................... 21
    —   Recherches sur les mammifères. In-4, atlas, 260 fr............. 28
     Voyez AUDOUIN. — Voyez *Sciences naturelles.*
EDWARDS-MILNE (Alph.). — Solanacées. In-8, 4 fr.......................... 31
    —   Crustacés podophthalmaires. In-4, 35 fr....................... 25
    —   Précis d'histoire naturelle. In-18, 3 fr....................... 27

Pages.

EDWARDS-MILNE (Alph.). — Oiseaux fossiles. In-4, 34 livraisons, 170 fr......... 28
    Voyez *Annales des sciences géologiques*.
ÉLY. — Chronique médicale. In-18, 2 fr.................................... 14
ETTINGSHAUSEN. — Physiotypia. 5 vol. in-folio, 700 fr.................... 24
EVANS. — Institutions sanitaires. In-8, 5 fr............................. 17
FAVRE (Alph.). — Recherches géologiques. 3 vol. in-8, atlas, 60 fr......... 26
    —   Carte de Savoie, 15 fr.............................. 26
FÉRET. — Bordeaux et ses vins. In-18, 4 fr.............................. 40
FERNET (E.). — Précis de physique. In-18, 3 fr. — Voyez Daion. — Voy. Verdet. 38
FOLLIN et DUPLAY. — Pathologie externe, I, II, III, 37 fr.............. 19
FONSSAGRIVES. — Voyez Walshe.
FORGET. — Anomalies dentaires. In-4, 3 fr.............................. 13
FOUCHER. — Cataracte. In-8, 5 fr...................................... 13
FOURNIER. — Voyez Bethencourt.
FRÉMY. — Voyez Prlouze.
FUSTEGUERAS et HERGOTT. — Cours de mécanique. Petit in-8, 3 fr. 20....... 37
GAUTIER. — Géologie. In-8, 3 fr....................................... 26
GAVARRET. — Physique médicale. In-18, 6 fr............................. 21
    —   Électricité. 2 vol. in-18, 16 fr.................... 35
    —   Télégraphie électrique. In-18, 5 fr............... 38
GAZETTE HEBDOMADAIRE. — Première série. 10 vol. 250 fr.................. 16
    —   Abonnement annuel, 24 fr........................... 47
GEOFFROY SAINT-HILAIRE. — Règnes organiques. 3 vol. in-8, 24 fr.......... 30
    —   Viande de cheval. In-18, 1 fr..................... 40
GERHARDT et CHANCEL. — Analyse qualitative. In-18, 7 fr. 50............. 32
    —   —   quantitative. In-18, 7 fr. 50.............. 32
GIRARD DE CAILLEUX. — Budget d'un asile. In-4, 8 fr................... 11
GIRARDIN. — Chimie élémentaire. 2 vol. in-8........................... 33
    —   Chimie générale et appliquée, 4 années, 12 fr. 80............. 33
    —   Des fumiers. In-16, 2 fr. 50...................... 41
    —   et DU BREUIL. — Traité d'agriculture. 2 vol. in-18, 16 fr............. 39
GLOGER. — Animaux utiles. In-18, 80 c................................. 41
GODARD. — Égypte et Palestine. 1 vol. grand in-8, atlas, 24 fr........... 15
GOUREAU. — Insectes nuisibles, arbres. In-8, 5 fr..................... 41
    —   —   forêts. In-8, 5 fr........................ 41
    —   —   hommes. In-8, 4 fr....................... 41
GOYRAND. — Clinique chirurgicale. In-8, 9 fr.......................... 14
GRATIOLET. — Hippopotame. In-4, 35 fr................................ 26
GRÉARD. — Littérature. In-18, 1 fr. 25................................ 37
GRISOLLE. — Pathologie interne. 2 vol. in-8, 18 fr.................... 19
GUÉROULT. — Voyez Helmholtz.
GUIRAUDET. — Mécanique expérimentale. In-8, 1re partie, 2 fr. 80; 2e partie, 2 fr. 80. 37
GUIRAUDET. — Cours de cosmographie. In-8, 2 fr. 20................... 35
GUYOT (J.). — Vignobles de France. 3 vol. in-8, 30 fr................. 43
HAUTES ETUDES (Bibliothèque de l'École des). — 3 vol., un an, 70 fr....... 46
HÉBERT. — Voyez *Annales des sciences géologiques*.
HÉBRA. — Maladies de la peau. In-8.................................... 20
HEISER. — Gymnastique raisonnée. In-8, 6 fr.......................... 17
HELMHOLTZ. — Optique physiologique. In-8, atlas, 30 fr............... 19
    —   Théorie de la musique. In-8, 11 fr............... 18
    —   Conservation de la force. Petit in-8, 3 fr. 50......... 35

Pages.

HERPIN. — Sources de France. In-18, 2 fr.. 22
HIRSCHFELD. — Système nerveux. In-8, atlas, 60 fr. ; colorié, 110 fr.......... 22
HISTOIRE NATURELLE DU JURA. — 3 vol. in-8, 27 fr......................... 27
HUGUENY. — Eaux potables. In-8, 3 fr.. 15
ISNARD. — Arsenic. In-8, 4 fr.. 13
JAMES (C.). — Eaux minérales. In-18, 9 fr....................................... 15
      —   Premiers soins. In-18, 6 fr..................................... 21
JAMIN. — Fruits à cultiver. In-18, 1 fr. 50...................................... 41
JAUMES. — Pathologie générale. In-8, 16 fr..................................... 19
JAVAL. — Du strabisme. In-8, 2 fr. 50. 22
    Voyez HELMHOLTZ.
JEANNIN. — Pigmentations cutanées. In-8, 2 fr................................. 20
JOIGNEAUX. — Jeune fermière. In-18, 1 fr...................................... 40
      —   Livre de la ferme. 2 vol. grand in-8, 32 fr................ 41
      —   Veillées de la ferme. In-12, 1 fr..................... 42
      —   Traité des graines. In-18, 3 fr.......................... 41
JOIRE. — Introduction à la physiologie. In-18, 3 fr............................ 20
      —   Questions industrielles et sociales. In-18, 3 fr................ 42
JOURDIER. — Agriculture à l'Exposition. In-18, 1 fr. — Voy. *Catéchisme d'agriculture*.
JOURNAL DE L'AGRICULTURE. — Un an, 20 fr................................. 48
      —   de la Ferme. 4 vol. grand in-8, 48 fr....................... 41
      —   de pharmacie et de chimie. Un an, 15 fr................. 47
JUSSIEU (DE). — Cours de botanique. In-18, 6 fr.............................. 24
KOLLIKER. — Éléments d'histologie. In-8, 18 fr............................... 17
KOLTZ. — Pisciculture pratique. In-18, 2 fr. 50............................... 42
KUHN. — Première dentition. In-8, 1 fr. 50.................................... 14
LACAZE-DUTHIERS. — Le dentale. In-4, 25 fr................................ 25
LAFAURIE. — Luxations anciennes. In-8, 3 fr................................. 18
LAISNÉ. — Le massage. In-8, 4 fr. 50.. 18
LANCEREAUX et LACKERBAUER. — Anatomie pathologique. Grand in-8, 80 fr... 12
LANDE. — Aplasie lamineuse. In-8, 4 fr.. 13
LAPASSE. — Conservation de la vie. In-8, 7 fr. 50............................ 14
      —   Hygiène de longévité. In-18, 2 fr...................... 18
LAURENT. — Simulation de la folie. In-8, 6 fr................................. 16
LEDIBERDER. — Des fractures du crâne. In-8, 2 fr. 50....................... 16
LE FORT (L.). — Maternités. In-4, 18 fr.. 18
LEFORT (J.). — Chimie des couleurs. In-18, 4 fr.............................. 35
      —   Chimie hydrologique. In-8, 8 fr......................... 35
LEHMANN. — Chimie physiologique. In-18, 2 fr............................... 35
LE MAOUT. — Leçons de botanique. Grand in-8, 12 fr. Colorié, 16 fr.......... 24
LENOIR. — Considérations sur les asiles d'aliénés. Gr. in-8, 2 fr. 50......... 13
LENOIR, SÉE et TARNIER. — Accouchements. Grand in-8, 70 fr. Color., 110 fr. 11
LEPELLETIER. — Physiognomonie. In-8, 7 fr. 50 20
LEROY (Em.). — Éducation des enfants. In-18, 2 fr............................ 15
      —   Étude sur le suicide. In-8, 5 fr.............................. 22
LEROY (Raoul). — Anémie. In-8, 6 fr... 12
LEVASSEUR. — Histoire de France. In-18, 3 fr. 50........................... 36
      —   Géographie. In-18, 1 fr. 75.............................. 36

Pages.

LEYMERIE. — Cours de minéralogie. 2 vol. in-8, 12 fr.................. 28
    —   Éléments de minéralogie. 1 vol. in-18, 9 fr.................. 28
LIÉBAULT (A.). — Du sommeil. In-8, 6 fr.................. 22
LIÉBIG. — Chimie organique. 3 vol. in-8, 25 fr.................. 35
LIÉGEOIS. — Traité de physiologie. In-8, 9 fr. 50.................. 20
L'IMITATION DE JÉSUS-CHRIST. — In-folio, 4,000 fr.
LIVRE DE LA FERME (LE). — 2 vol. grand in-8, 32 fr.................. 41
LIVRET DU MUSÉE ORFILA. — In-18, 1 fr.................. 18
MACKENZIE (W.). — Maladies de l'œil. 3 vol. in-8, 45 fr.................. 19
MARDUEL. — Résection sous-périostée. In-8, 3 fr.................. 22
MARIÉ-DAVY. — Recherches sur l'électricité. 2 fasc., 6 fr.................. 35
    —   Météorologie. In-8, 10 fr.................. 37
MARMONIER. — De la transfusion du sang. In-8, 4 fr.................. 23
MARSHALL-HALL. — Système spinal. In-18, 2 fr.................. 23
MAS. — Le Verger, un an, 23 fr.................. 48
MATTEUCCI. — Phénomènes physiques. In-18, 3 fr. 50.................. 37
MAUDUIT. — Arithmétique. In-18, 1 fr. 20.................. 33
    —   Algèbre. In-18, 1 fr. 40.................. 32
MAUMENÉ. — Travail des vins. In-8, 12 fr.................. 43
MIALHE. — Chimie physiologique. In-8, 9 fr.................. 35
MICHALET. — Voyez *Histoire naturelle du Jura*.................. 27
MICHELI. — Voyez Sacas.................. 30
MIGNOT. — Maladies du premier âge. In-8, 5 fr.................. 21
MOLESCHOTT. — De l'alimentation. In-18, 1 fr.................. 11
MONCEAUX. — Voyez Robineau.
MONCKHOVEN (Van). — Optique photographique. In-12, 4 fr.................. 38
    —   Traité de photographie. In-8, 10 fr.................. 37
MONTAGNA. — Houille en Italie. In-8, 5 fr.................. 36
MOREAU. — Psychologie morbide. In-8, 8 fr.................. 21
MOREL. — Maladies mentales. In-8, 13 fr.................. 18
MOREL. — Médecine légale. In-8, 2 fr. 50.................. 18
MOURE et MARTIN. — Vade-mecum. In-18, 3 fr. 50.................. 23
NIEPCE. — Gravure héliographique. Grand in-8, 5 fr.................. 36
NOGUÈS. — Histoire naturelle appliquée. In-8, 7 fr.................. 27
NORMANDY. — Tableaux d'analyse. In-4, 25 fr.................. 32
OBERLIN. — Végétaux médicinaux. In-18, 2 fr.................. 23
ODLING. — Manuel de chimie. In-8, 7 fr.................. 34
OGÉRIEN. — Voyez *Histoire naturelle du Jura*.................. 27
OLLIER. — Régénération des os. 2 vol. grand in-8, 30 fr.................. 21
OTTO. — Les poisons. In-8, 3 fr.................. 21
PALÉONTOLOGIE FRANÇAISE. — Voyez d'Orbigny.................. 29
    —   CONTINUATION. — La livraison, 6 fr.................. 29
PAPILLON. — Manuel des humeurs. In-18, 4 fr. 50.................. 17
PARCHAPPE. — Du cœur. In-8, atlas, 12 fr.................. 14
    —   Siége de l'intelligence. In-8, 2 fr. 50.................. 22
    —   Modes d'assistance. In-8, 1 fr. 25.................. 11
PASTEUR (L.). — Vinaigre. In-8, 4 fr.................. 43
PAULET et SARAZIN. — Anatomie topographique. 2 vol. grand in-8, 176 fr.................. 12
PAUL D'ÉGINE. — Traduction de Briau. In-8, 9 fr.................. 19
PAYER. — Éléments de botanique. In-18, 5 fr.................. 24
    —   Organogénie. 2 vol. grand in-8, 160 fr.................. 29

Pages.

PÉCLET. — Traité de la chaleur. 3 vol. in-8, 42 fr............................. 33
PELOUZE et FRÉMY. — Abrégé de chimie. 3 vol. iu-18, 6 fr.................. 34
    —   Chimie générale. 7 vol. in-8, 100 fr...................... 34
    —   Notions générales. In-8, atlas couleur, 10 fr..................... 34
    —   —   In-8, atlas noir, 5 fr. 34
PÉRARD (L.). — Voyez Helmholtz.
PÉRIER. — Fragments ethnologiques. In-8, 3 fr. 50............................. 16
PERRIN (M.). — Ophthalmoscopie. Iu-8, atlas, 32 fr.......... 19
PERRIS. — Insectes du pin. In-8, 25 fr..................................... 41
PERSOZ. — Impression des tissus. 4 vol. iu-8, 70 fr........................... 36
    —   Vigne. Grand in-8, 1 fr. 50.............................. 43
PÉTREQUIN. — Aratomie topographique. In-8, 9 fr.......................... 12
PEYRAUD. — Régénération du tissu cartilagineux. In-8, 3 fr. 50............... 22
PICARD (P.). — Voyez Scanzoni.
POINCARÉ et BONNET. — Paralysie générale. In-8, 3 fr....... 19
POUCHET (G.). — Pluralité des races. In-8, 3 fr. 50.......................... 21
    —   Grand fourmilier. In-4, 35 fr......... 26
PRÉVOST. — Déviation des yeux. In-8, 2 fr. 50.............................. 15
QUATREFAGES. — Souvenirs d'un naturaliste. 2 vol. in-18, 4 fr...... 31
    —   Maladies du ver à soie. In-4, 16 fr.......................... 42
    —   Nouvelles recherches. In-4, 3 fr 50....................... 42
RAIMBERT. — Maladies charbonneuses. In-8, 6 fr......................... 14
RÉGNAULD. — Voyez Soubbiran. — Voy. *Journal de Pharmacie.*
RÉGNAULT. — Cours de chimie. 4 vol. iu-18, 20 fr........................... 34
REGNAULT. — Éléments. In-18, 5 fr...................................... 34
RENDU. — Ampélographie française. Iu-f° et atlas, 200 fr. — Le même, in-8,
    6 fr... 39
RESBECQ. — Guide administratif. Iu-18, 3 fr............................... 17
ROBINEAU. — Diptères. 2 vol. in-8, 30 fr.................................. 25
ROCCAS. — Bains de mer. In-18, 3 fr. 50.................................. 13
ROGUET. — Arithmétique. In-8, 3 fr...................................... 33
    —   Géométrie préparatoire. In-8, 1 fr........................... 36
    —   —   1re année. 4 fr.......................... 36
    —   —   2e année. 4 fr.......................... 36
    —   Leçons de géométrie descriptive. 3e année. In-3°, 3 fr. 50........... 36
ROHART. — Eugrais chimiques. In-18, 3 fr................................ 40
ROLLET. — Maladies vénériennes. In-8, 12 fr............................. 23
ROQUES. — Champignons comestibles. In-4, 15 fr......................... 40
ROSE. — Chimie analytique. 2 vol. iu-8, 24 fr............................. 33
ROSE-CHARMEUX. — Chasselas. In-18, 2 fr.............................. 40
ROTUREAU. — Eaux minérales. 3 vol. in-8, 25 fr.......................... 15
ROUSSEL. — Système de la femme. In-18, 3 fr............................ 16
ROYER (Mme). — Origines de l'homme et des Sociétés. Iu-8, 7 fr. 50............ 17
    Voyez Darwin.
SACC. — La garance. In-8, 3 fr. 50....................................... 41
SACHS. — Physiologie végétale. In-8, 12 fr................................ 30
SANSON. — Hygiène des animaux domestiques. Petit in-8, 4 fr.............. 41
SAPPEY. — Anatomie descriptive. Iu-18, 7 fr. 50.......................... 11
SARAZIN. — Voyez Paulet.
SAUCEROTTE. — Histoire et philosophie. In-18, 3 fr....................... 17
SAUSSURE (Dr). — Vespides. 3 vol. in-8 et atlas, 144 fr.................... 31

	Pages.
SAUSSURE (DR). — Mélanges hyménoptérologiques. In-4, 2 fascicules, 12 fr.	27
—　　　— orthoptérologiques. In-4, 6 fr.	28
—　　Histoire naturelle du Mexique. In-4, 45 fr.	28
—　et SICHEL. — Scolia. In-8, 8 fr.	31
SAUZE. — Études sur la folie. In-8, 5 fr.	16
SCANZONI. — Métrite chronique. In-8, 7 fr.	18
— Précis d'accouchements. In-18, 5 fr.	11
SCHREBER. — Gymnastique de chambre. In-8, 3 fr.	17
SCHUTZENBERGER. — Chimie physiologique. In-8, 6 fr.	35
— Matières colorantes. 2 vol. in-8, 19 fr.	35
SCRIVE. — Campagne d'Orient. In-8, 3 fr.	19
SCROPE (P.). — Volcans. 1 vol. in-8, 14 fr.	31
SAPORTA. — Végétaux fossiles, la livraison, 6 fr.	30
SÉE (Marc). — Voyez LENOIR. — Voyez KÖLLIKER.	
SEGOND. — Morphologie. In-8, 3 fr.	28
SERINGE. — Culture des mûriers. In-8, atlas, 9 fr.	28
SERRE (d'Uzès). — Phosphènes. In-8, 5 fr.	20
SICHEL (J.). — Voyez SAUSSURE.	
SIEFFERMANN. — Voyez SCANZONI.	
SILBERT. — Accouchement artificiel. In-8, 2 fr. 75.	11
— Saignée dans la grossesse. In-8, 4 fr. 50.	22
Voyez GOYRAND.	
SIMON (M.). — Préservation du choléra. In-18, 2 fr. 50.	14
SIMS. — Chirurgie utérine. In-8, 9 fr.	23
SOCIÉTÉ D'ANTHROPOLOGIE. — Bulletin, un an, 7 fr. 50.	47
— Mémoires, le volume, 12 fr.	13
— DE CHIRURGIE. — Bulletin, un an, 7 fr.	47
— Mémoires, le vol., 20 fr.	14
— Hygiène des hôpitaux. In-8, 2 fr. 50.	13
— D'ACCLIMATATION. — Bulletin, 12 numéros, un an, 12 fr.	46
SOUBEIRAN. — Pharmacie. 2 vol. in-8, 19 fr.	20
— Précis de physique. In-8, 5 fr.	38
TARDIEU. — Des fractures du bassin. In-8, 2 fr. 50.	16
TARNIER. — Voyez LENOIR.	
THÉNARD (P.). — Vinage des vins. In-8, 1 fr. 50.	43
THIBERGE et REMILLY. — Amidon. In-18, 1 fr.	39
THOLOZAN. — Le choléra en Orient. In-8, 2 fr.	14
— Une épidémie de peste en Mésopotamie en 1867, gr. in-8, 2 fr.	20
— Origine nouvelle du choléra asiatique. In-8°, 1871. 3 fr.	14
TISSERAND (E.). — Le Danemark. In-4, 10 fr.	40
TISSOT. — Animisme. In-8, 7 fr. 50.	12
— Vie dans l'homme. 2 vol. in-8, 15 fr.	23
TISSOT (A.). — Cosmographie. In-18, 2 fr. 40.	35
— Géométrie descriptive. In-18, 1 fr.	36
— Arithmétique. In-8, 2 fr. 80.	33
TRACY (V. DE). — Vie rurale. In-18, 1 fr.	42
TRIPIER. — Cancer de la colonne vertébrale. In-8, 3 fr.	13
TROOST. — Traité de chimie. In-8, 7 fr.	34
— Précis de — In-18, 3 fr.	34
TURCK. — De la Vieillesse. In-8°, 3 fr.	23
UNGER. — Monde primitif. In-plano, 86 fr.	28

                                                                    Pages.

VACCA. — Physique, 1re année. In-8, 2 fr. 20................................... 38
   —   —   2e année. In-8, 3 fr. 50........................ 38
VACQUANT. — Géométrie. In-18, 2 fr. 60,................... 36
   —   Trigonométrie. In-18, 1 fr. 20........................... 38
VARENNES. — Voyez Joigneaux.
VELPEAU. — Maladies du sein. In-8, 12 fr............................ 22
VERDEIL. — Industrie moderne. In-8, 7 fr. 50......................... 37
VERDET (Œuvres de). — 8 vol., 75 fr............................... 38
VERDO. — Eaux minérales. In-18, 3 fr. 50............... 15
VERGER (Le). — Voyez Mas.
VIGUIER. — Leçons de cosmographie. In-18, 3 fr......................... 35
VIRY. — Cours de mécanique. In-4, 30 fr........................ 37
VOILLEMIER. — Voies urinaires. In-8, 12 fr. 50............................ 23
WALSHE. — Maladies de poitrine. In-8, 10 fr............................ 21
WEBB. — Otia hispanica. In-folio, 30 fr.............................. 29
WECHNIAKOFF. — Conditions anthropologiques. 3 fascic. in-8, 9 fr............ 21
WECKERLIN. — Zootechnie. In-18, 2 fr............................... 43
WILLM. — Voyez Odling.
WURTZ. — Chimie médicale. 2 vol. in-8, 16 fr........ ....— 34
   —   Chimie moderne. In-18, 7 fr. 50............................ .. 34
ZAGIELL. — Climat d'Égypte. In-8, 4 fr.,.............................. 15
ZIMMERMANN. — Solitude. In-18, 3 fr................................. .. 22

MÉDECINE — PHILOSOPHIE

ANTHROPOLOGIE

ACCOUCHEMENTS (**Atlas de l'art des**), par MM. LENOIR, Marc SÉE et
TARNIER (P. A. P.). 1 fort vol. gr. in-8 jésus de 105 planches dessinées d'après
nature, accompagnées d'un texte explicatif en regard.
>Prix : Planches noires et jolie reliure demi-maroquin........ 60 fr.
>*Le même ouvrage*, planches coloriées............... 110 fr.

ACCOUCHEMENTS (**Nouveaux moyens hémostatiques avant et
après les**) compliqués d'insertion du placenta sur le col, par le Dr CHAS-
SAGNY. Paris, 1868, in-8...................................... 2 fr.

ACCOUCHEMENT PRÉMATURÉ ARTIFICIEL (**Traité pratique
de l'**), comprenant son histoire, ses indications, l'époque à laquelle on doit
le pratiquer, et le meilleur moyen de le déterminer, par le Dr SILBERT
(d'Aix). Paris, 1855. 1 vol. in-8............................ 2 fr. 75

ACCOUCHEMENTS (**Précis théorique et pratique de l'art des**),
par le professeur SCANZONI; traduit par le Dr P. PICARD. Paris, 1859. 1 vol.
grand in-18, avec 111 figures dans le texte..................... 5 fr.

ALIÉNÉ DEVANT LUI-MÊME (**L'**), l'appréciation légale, la législation, les
systèmes, la société et la famille, par le Dr BONNET, avec une préface par
M. BRIERRE de BOISMONT. Paris, 1866. 1 vol. grand in-8............ 9 fr.

ALIÉNÉS (**Sur les différents modes d'assistance des**), par le
Dr M. PARCHAPPE. Paris, 1865. 1 brochure in-8................ 1 fr. 25

ALIÉNÉS (**Spécimen du budget d'un Asile d'**), et possibilité de
couvrir la subvention départementale au moyen d'un excédant équivalent
de recette, par le Dr GIRARD DE CAILLEUX, inspecteur général. Paris, 1855.
1 vol. in-4, cartonné, avec tableaux............................ 8 fr.

ALIMENTATION ET DU RÉGIME (**De l'**), Traité populaire, par
M. MOLESCHOTT; traduit par M. FLOCON. Paris, 1858. 1 vol. gr. in-18. 1 fr.

AMBULANCES DE CRIMÉE (**Rapport au Conseil de santé des
armées sur les résultats du service médico-chirurgical**)
et aux hôpitaux militaires français en Turquie pendant la campagne
d'Orient en 1854, 1855 et 1856, par le Dr CHENU. Ouvrage couronné par
l'Institut. Paris, 1860. 1 vol. in-4............................. 20 fr.
Voyez ITALIE.

ANATOMIE (**Atlas d'**), comprenant 101 planches gravées en taille-douce.
2 vol. in-4, par le Dr H. CLOQUET. — 2 parties seulement sont encore en
vente. Ostéologie, syndesmologie, 65 pl. 9 fr. — Myologie, 36 pl... 5 fr.

ANATOMIE DESCRIPTIVE DU CORPS HUMAIN. *Locomotion — Circulation — Digestion — Respiration — Appareil génito-urinaire*, par MM. Bonamy, Broca et Beau. — 258 pl. grand in-8 jésus, avec texte explicatif en regard. *Système nerveux — Organes des sens de l'homme*, par Ludovic Hirschfeld. 92 planches, avec texte explicatif en regard. 1 vol. de texte in-8.

Les 2 ouvrages réunis en 5 atlas ; pl. noires................... 190 fr.
Planches coloriées... 370 fr.
La reliure.. 30 fr.

On vend séparément :

	noir	colorié
Appareil de la locomotion, 84 planches...	44 fr.	88 fr.
Appareil de la circulation, 64 pl............	32	64
Appareil de la digestion et rein, 50 pl.....	25	50
Appareil génito-urinaire ; respiration, 56 pl.	28	56
Névrologie. Organes des sens, 92 pl.......	60	110

ANATOMIE NORMALE (Livret du musée d') de la Faculté de médecine de Paris (musée Orfila). Paris, 1863. 1 vol. in-18............. 50 c.

ANATOMIE PATHOLOGIQUE (Atlas d'), par le Dr Lancereaux et M. Lackerbauer. 1 vol. gr. in-8 jésus de texte et un atlas de 64 planches en couleurs dessinées d'après nature, et lithographiées par Lackerbauer, avec texte explicatif en regard. Paris, 1871..................... 80 fr.

ANATOMIE TOPOGRAPHIQUE (Traité d'), comprenant les principales applications à la pathologie et à la médecine opératoire. Atlas, par MM. les Drs Paulet et Sarazin, texte par M. Paulet.

L'atlas (164 planches tirées en couleur sur papier teinté, acompagnées d'un texte explicatif en regard), forme 2 vol. grand in-8 jésus ; le texte forme 2 volumes in-8. Prix de l'ouvrage complet... 176 fr.
Avec demi-reliure maroquin.. 192 fr.

ANATOMIE TOPOGRAPHIQUE MÉDICO-CHIRURGICALE (Traité d') considérée spécialement dans ses applications à la pathologie, à la médecine légale, à l'art obstétrical et à la chirurgie opératoire, par le Dr G. É. Pétrequin. 2e édition. Paris, 1857. 1 vol. grand in-8................. 9 fr.

ANATOMIQUE (Bulletin de la Société). La 2e série de 1856 à 1862, 7 vol. in-8... 30 fr.
Chaque volume séparément...................................... 6 fr.
— Table analytique des matières contenues dans les Bulletins de la Société anatomique pour les trente premières années (1826-1855), par le Dr Bouteillier. Paris, 1857. 1 vol. in-8....................... 5 fr.

ANÉMIE des grandes villes et des gens du monde (cachexie urbaine), par le Dr Raoul Leroy. Paris, 1869. 1 vol. in-8....................... 6 fr.

ANIMISME (L') ou La matière et l'esprit conciliés par l'identité de principe et la diversité des fonctions dans les phénomènes organiques et psychiques, par M. Tissot, doyen de la Faculté de Dijon. Paris, 1865. 1 vol. in-8.. 7 fr. 50

ANKYLOSES (Du traitement des), examen critique des diverses méthodes, par le Dr Delore. Paris, 1864. In-8, avec figures........ 2 fr. 50

ANNALES MÉDICO-PSYCHOLOGIQUES, par MM. Baillarger, Cerise, Lunier et Moreau (de Tours). (Voir aux *Publications périodiques.*)

ANNALES DE DERMATOLOGIE ET DE SYPHILIGRAPHIE, par M. le Dr Doyon. (Voir aux *Publications périodiques.*)

ANOMALIES DENTAIRES (Des), et de leur influence sur la production des maladies des os maxillaires, par le Dr A. M. Forget. Paris, 1859. 1 vol. in-4, avec 6 planches.. 3 fr.

ANTHROPOLOGIE (Mémoires de la Société d'), publiés dans le format gr. in-8. Les tomes I et II, avec planches, cartes et portraits, sont en vente. Prix de chaque volume............................. 12 fr.

— *Franco* par la poste.................................... 13 fr.

Le volume est fourni aux souscripteurs en quatre fascicules qui paraissent à des intervalles indéterminés. Le prix de chaque volume est payable en retirant le premier fascicule. Du 3e volume il a paru 2 fascicules.

ANTHROPOLOGIE (Bulletin de la Société d'). — Voyez aux *Publications périodiques.*

APLASIE (Essai sur l') lamineuse progressive, par le Dr Louis Lande. Paris, 1870. 1 vol. in-8, avec 3 planches...................... 4 fr.

ARCHIVES DE PHYSIOLOGIE NORMALE ET PATHOLOGIQUE, par MM. Brown-Séquard, Charcot et Vulpian. (Voir aux *Publications périodiques.*)

ARSENIC (De l') dans la pathologie du système nerveux, la chlorose, etc. Étude sur la médication arsenicale, par le Dr Ch. Isnard. Paris, 1865, in-8... 4 fr.

ASILES D'ALIÉNÉS (Considérations générales sur la construction et l'organisation des), par M. P. Lenoir, architecte. Paris, 1869, in-4, avec 3 planches.. 2 fr. 50

BAINS DE MER (Traité pratique des), et de l'hydrothérapie marine, fondé sur de nombreuses observations, par le Dr Roccas. 2e édition. Paris, 1862. 1 vol. in-18 .... 3 fr. 50

BÉTHENCOURT. Nouveau carême de pénitence (1527), traduit et annoté par le Dr Fournier (Alfred). Paris, 1871, 1 vol. in-18...... 3 fr.

BORSIERI DE KANILFELD (Instituts de médecine pratique de). Des fièvres et des maladies exanthématiques fébriles ; traduction du Dr E. Chauffard. Paris, 1855. 2 vol. grand in-8...................... 16 fr.

CANCER DE LA COLONNE VERTÉBRALE (Du), et de ses rapports avec la paraplégie douloureuse, par le Dr L. Tripier. 1867. 1 vol. in-8... 3 fr.

CATARACTE (Leçons sur la), professées à l'hôpital St-Louis, par le Dr Foucher (P. A. P.). Recueillies par MM. Bousseau et Vaslin. Paris, 1868. 1 vol. in-8, avec figures dans le texte.................... 5 fr.

CHANT (De l'enseignement du), 2e partie : De la physiologie appliquée à l'étude du mécanisme animal, par M. Ch. Bataille. 1863, in-8.. 2 fr. Voyez Phonation.

CHARBONNEUSES (Traité des maladies), par le Dr Raimbert. Paris, 1857. 1 vol. in-8... 6 fr.

CHIMIE MÉDICALE, par M. Wurtz. — Voyez page 34.

CHIMIE PHYSIOLOGIQUE. — Voyez Lehmann, Mialhe, Papillon, Schutzenberger.

CHIRURGIE (Mémoires de la Société impériale de), publiés dans le format in-4. Prix de chaque volume avec planches............ 20 fr.
— *Franco* par la poste...................................... 23 fr.
Les tomes I à VI sont en vente. Le tome VII est en cours de publication.

Le volume est fourni aux souscripteurs en cinq ou six fascicules qui paraissent à des intervalles indéterminés. Le prix de chaque volume est payable en retirant le premier fascicule.

CHIRURGIE DE PARIS (Bulletin de la Société de). — Voyez aux *Publications périodiques.*

CHOLÉRA ÉPIDÉMIQUE (De la préservation du), par le Dr Max Simon. Paris, 1855. 1 vol. in-18............................. 2 fr. 50

CHOLÉRA EN ORIENT (Prophylaxie du), par le Dr Tholozan. Paris, 1869. 1 vol. in-8... 2 fr.

CHOLÉRA ASIATIQUE (Origine nouvelle du), ou Début et développement en Europe d'une grande épidémie cholérique. In-8. 1871.. 2 fr.

CHRONIQUE MÉDICALE DE L'ANNÉE 1863, par le Dr Ély. Paris, 1864. 1 vol. grand in-18....................................... 2 fr.

CLINIQUE MÉDICALE ou Choix d'observations recueillies à l'hôpital de la Charité par le professeur Andral. 4e édition, revue, corrigée et augmentée. Paris, 1840. 5 vol. in-8................................ 40 fr.

CLINIQUE CHIRURGICALE (Leçons de), professées à l'Hôtel-Dieu de Paris, par le Dr Dolbeau (P. F. P.), et recueillies par le Dr Besnier. Paris, 1866. 1 vol. in-8.. 7 fr.

CLINIQUE CHIRURGICALE, par le Dr Goyrand, publiée par le Dr Silbert (d'Aix). Paris, 1871. 1 vol. in-8.............................. 9 fr.

COEUR (Du), DE SA STRUCTURE ET DE SES MOUVEMENTS, ou Traité anatomique, physiologique et pathologique des mouvements du cœur de l'homme; contenant des recherches anatomiques et physiologiques sur le cœur des animaux vertébrés, par le Dr Max Parchappe. Paris, 1848. 1 vol. in-8, avec un atlas de 10 planches in-4........... 12 fr.

CONGRES MÉDICAL INTERNATIONAL DE 1867 (Compte rendu du). Paris, 1868. 1 vol. in-8, publié par le Dr Jaccoud, secrétaire général. 12 fr.

CONSERVATION DE LA VIE (Essai sur la), par le vicomte de Lapasse, suivi d'un formulaire. Paris, 1860. 1 vol. in-8........... 7 fr. 50

DENTITION DES ENFANTS (De la première), maladies qu'elle détermine, moyens préventifs et remèdes à employer; hygiène de la bouche, par M. H. Kuhn. Paris, 1865. Brochure in-8°..................... 1 fr. 50

DENTITION (Des accidents de la) chez les enfants en bas âge, et des moyens de les combattre, par M. Delabarre. Paris, 1851. 1 vol. in-8, avec figures dans le texte............................... 1 fr.

DERMATOLOGIE. — Voyez *Annales.*

DESCARTES, considéré comme physiologiste et comme médecin, par le Dr Bertrand de Saint-Germain. Paris, 1869. 1 vol. in-8............ 7 fr.

DÉVIATION CONJUGUÉE DES YEUX (De la), et de la rotation de la tête dans certains cas d'hémiplégie, par le Dr Prévost. Paris, 1868. 1 vol. grand in-8... 2 fr. 50

DICTIONNAIRE ENCYCLOPÉDIQUE DES SCIENCES MÉDICALES, publié sous la direction du Dr Dechambre, par demi-volumes en 2 séries simultanées, la première commençant par la lettre A, la seconde par la lettre L.

1re série, 25 demi-volumes en vente.

2e série, 8 demi-volumes en vente.

Chaque demi-volume, 400 pages, grand in-8, avec figures....... 6 fr.

DRAINAGE CHIRURGICAL (Du). Traité pratique de la suppuration, par E. Chassaignac. 2 vol. in-8. Paris, 1859...................... 18 fr.

DYSENTÉRIE (Traité de la), par le Dr Delioux de Savignac. Paris, 1863. 1 vol. in-8.. 8 fr.

DYSPEPSIES (Essai sur les), par le Dr Coutaret. Paris, 1870. 1 vol. in-8... 4 fr.

DYSPEPSIES (Des), par le Dr Chomel. Paris, 1857. 1 vol. in-8.... 6 fr.

EAUX MINÉRALES (Des) dans leurs rapports avec l'économie publique, la médecine et la législation, par le Dr C. Alibert. 1852. In-8. 1 fr. 50

EAUX MINÉRALES (Guide pratique aux), par le Dr Constantin James. 7e édition, avec une carte-itinéraire des eaux. Paris, 1869. 1 fort vol. grand in-18 de 600 pages, cartonné............................. 9 fr.

EAUX MINÉRALES DE L'EUROPE (Des principales), par le Dr A. Rotureau. Paris, 1858-1864. 3 vol. in-8....................... 25 fr.

On peut avoir séparément : **Allemagne et Hongrie.** 1 vol. in-8, 7 fr. 50; **France,** ouvrage suivi de la législation sur les Eaux minérales. Paris, 1859. 1 vol. in-8. 10 fr. ; **France** (*Supplément*), Angleterre, Belgique, Espagne et Portugal, Italie et Suisse. Paris, 1864. 1 vol. in-8. 7 fr. 50

EAUX MINÉRALES DES PYRÉNÉES (Précis sur les), par M. le Dr Verdo. 2e édition. Paris, 1865. 1 vol. gr. in-18, avec une carte.. 3 fr. 50

EAUX POTABLES (Recherches sur la composition chimique et les propriétés qu'on doit exiger des), par M. Hugueny. Paris, 1865, grand in-8... 3 fr.

ÉDUCATION PHYSIQUE ET MORALE (Traité d'), par le Dr Clavel. 2 vol. grand in-18, avec 2 cartes............................... 3 fr.

ÉGYPTE ET DE SON INFLUENCE SUR LE TRAITEMENT DE LA PHTHISIE PULMONAIRE (Du climat de l'), par le Prince Ignace Zagiell. Paris, 1866. 1 vol. in-8, avec carte coloriée............. 4 fr.

ÉGYPTE ET PALESTINE, OBSERVATIONS SCIENTIFIQUES ET MÉDICALES, par le Dr E. Godard, avec une préface par Ch. Robin. Paris, 1867. 1 vol. grand in-8, avec un atlas in-4 de 27 planches lithographiées d'après les dessins de l'auteur...................................... 24 fr.

ENFANCE (Conseils aux mères concernant l'hygiène et les

maladies les plus communes de l'), par le Dr BOURGAREL. Paris,
1863. 1 vol. in-18.. 3 fr. 50

ENFANCE (Études sur la physiologie de la première), par le
Dr ALLIX. Paris, 1867. Grand in-8............................... 4 fr.

ENFANTS (De l'éducation des), conseils aux parents pour l'hygiène à
suivre, par le D^r Em. LEROY. Paris, 1862. 1 vol. in-18........... 2 fr.

ENFANTS (Conseils à une mère sur la manière d'élever ses),
traitement à suivre dans les maladies et accidents qui réclament des soins
immédiats, par *Pye Chavasse;* traduit de l'anglais sur la 9e édition, par
J. M. DIDSBURY. 1 vol. in-18.................................. 1 fr. 50
Voyez *Premier âge.*

ÉPILEPSIE (Traité de l'), histoire, traitement, médecine légale, par le
Dr DELASIAUVE. Paris, 1854. 1 vol. in-8........................ 7 fr. 50

ESTOMAC (Traité des maladies de l'), par le D^r Th. BAYARD.
2e édition, revue et augmentée. Paris, 1872. 1 fort vol. grand in-8, avec
figures dans le texte et une planche tirée en couleur........... 10 fr.

ETHNOLOGIQUES (Fragments), études sur les vestiges des peuples
gaëlique et cymrique dans quelques contrées de l'Europe occidentale, etc.,
par M. J. A. N. PÉRIER. Paris, 1857. Brochure grand in-8........ 3 fr.

FEMME (Système physique et moral de la), par ROUSSEL. Nouvelle
édition, contenant une notice biographique sur Roussel et des notes, par
le Dr CERISE. Paris, 1860. 1 vol. grand in-18.................... 3 fr.

FIÈVRE PUERPÉRALE (De la nature de la), par M. le Dr BERNE.
Paris, 1867, in-8.. 2 fr. 50

FIÈVRES INTERMITTENTES ET REMITTENTES (Traité des), des pays
tempérés et non marécageux, et qui reconnaissent pour cause les émana-
tions de la terre en culture, par M. le Dr A. BÉRENGUIER. Paris, 1865,
in-8.. 5 fr.

FIÈVRES PALUDÉENNES (Des), recherches sur leur véritable cause,
suivies d'études physiologiques et médicales sur la Sologne, par le D^r BUR-
DEL. Paris, 1858, grand in-18.................................. 3 fr. 50

FOLIE (Études médico-psychologiques sur la), par le Dr Alfred
SAUZE. Paris, 1 vol. in-8...................................... 5 fr.

FOLIE (Simulation de la), étude médico-légale sur les considérations
cliniques et pratiques, à l'usage des médecins experts, des magistrats et des
jurisconsultes, par Arm. LAURENT. Paris, 1866. 1 vol. in-8........ 6 fr.

FRACTURES (Des) du bassin, par le D. Amédée TARDIEU. Paris, 1869.
1 vol. in-8.. 2 fr. 25

**FRACTURES DU CRANE (Essai sur les signes et le diagnostic
des)**, par le Dr Henri LEDIBERDER. Paris, 1869. 1 vol. in-8..... 2 fr. 50

FROID (Traité du), de son action et de son emploi intus et extra en
hygiène, en médecine et en chirurgie, par le Dr BEUNAICHE de la CORBIÈRE.
2e édition. Paris, 1866. 1 vol. in-8........................... 7 fr. 50

GAZETTE HEBDOMADAIRE de médecine et de chirurgie. 1re série, publiée
de 1854 à 1863, par le Dr DECHAMBRE. 10 vol. grand in-4......... 250 fr.
Pour la 2e série, voir aux *Publications périodiques.*

GÉNÉRATION (Fonctions et désordres des organes de la), chez l'enfant, le jeune homme, l'adulte et le vieillard, sous le rapport physiologique, social et moral, par M. le Dr W. ACTON. Traduit de l'anglais sur la 3e édition. Paris, 1863. 1 vol. in-8........................... 6 fr.

GUADELOUPE DE 1865 1866 (Épidémie de la), par M. G. CUZENT. 1 vol. in-8, avec plans, cartes et tableaux. Paris, 1867................. 4 fr.

GUIDE ADMINISTRATIF ET SCOLAIRE dans les Facultés de médecine, les Écoles supérieures de pharmacie et les Écoles préparatoires du même ordre. De 1791 à 1860, par M. FONTAINE de RESBECQ, chef de bureau au Ministère de l'Instruction publique. Paris, 1860. 1 vol. in-18..... 3 fr.

GYMNASTIQUE DE CHAMBRE, médicale et hygiénique, ou Représentation et description des mouvements gymnastiques n'exigeant aucun appareil ni aide, et pouvant s'exécuter en tout temps et en tous lieux, par le Dr SCHREBER. Paris, 1867. 2e édition. 1 vol. in-8, avec 45 figures.. 3 fr.

GYMNASTIQUE RAISONNÉE AU POINT DE VUE ORTHOPÉDIQUE, HYGIÉNIQUE ET MÉDICAL (Traité de), ou Cours d'exercices appropriés à l'éducation physique des deux sexes, par M. HEISER. Paris, 1854. 1 vol. in-8, avec 123 figures................................... 6 fr.

HÉMATOLOGIE PATHOLOGIQUE (Essai d'), par M. le professeur ANDRAL. Paris, 1843, in-8.................................. 4 fr.

HERNIES ABDOMINALES (De l'étranglement dans les), et des affections qui peuvent le simuler, par le Dr BROCA (P. F. P.). Paris, 1857. 1 vol. in-8.. 5 fr.

HERPÈS RÉCIDIVANT DES PARTIES GÉNITALES (De l'), par le Dr DOYON. Paris, 1868. 1 vol. in-8........................... 3 fr. 50

HISTOIRE ET LA PHILOSOPHIE (L') dans leurs rapports avec la médecine, par le Dr SAUCEROTTE. Paris, 1863. 1 vol. in-18............. 3 fr.

HISTOLOGIE HUMAINE (Éléments d'), par le professeur KÖLLIKER. 2e édition entièrement remaniée et accompagnée d'un grand nombre de figures nouvelles; traduction par le docteur Marc SÉE (P. A. P.), d'après la 5e édition allemande. Paris, 1870. 1 vol. grand in-8, avec figures. 18 fr.

HOMME (Origine de l') et des sociétés. 1er livre de l'histoire universelle, par madame Clémence ROYER. Paris, 1869. 1 vol. in-8........ 7 fr. 50

HUMEURS (Manuel des), précédé de notions sur les principes immédiats, renfermant l'étude clinique, physiologique et pathologique de tous les liquides de l'organisme, par Fernand PAPILLON. Paris, 1870. 1 vol. in-18, avec figures....................................... 4 fr. 50

INSTITUTIONS SANITAIRES (Des) pendant le conflit austro-prussien-italien, suivi d'un essai sur les voitures d'ambulance, par le Dr EVANS. Paris, 1867. 1 vol. in-8.............................. 5 fr.

IODOTHÉRAPIE ou De l'emploi médico-chirurgical de l'iode et de ses composés, et particulièrement des injections iodées, par le Dr BOINET. 2e édition. Paris, 1865. 1 vol. in-8.............................. 14 fr.

ITALIE EN 1859 ET 1860 (L'). Statistique médico-chirurgicale de la campagne, par le Dr J. CHENU. Paris, 1869. 2 vol. in-4, et atlas in-f°. 80 fr.

JOURNAL DE MÉDECINE MENTALE, par M. le Dr DELASIAUVE. (Voir aux *Publications périodiques*.)

2

JOURNAL DE PHARMACIE ET DE CHIMIE. (Voir aux *Publications périodiques*.)

LONGÉVITÉ (Hygiène de), guérison des migraines, maux d'estomac, maux de nerfs et vapeurs, suite de l'Essai sur la conservation de la vie, par le vicomte de LAPASSE. Paris, 1861. 1 vol. in-18.............. 2 fr.

LUXATIONS ANCIENNES (Étude sur les), par le Dr LAFAURIE. Paris, 1869. 1 vol. in-8.. 3 fr.

MALADIES. — Voyez *Charbonneuses, Mentales, Vénériennes*.

MANIE RAISONNANTE (Traité de la), par le Dr CAMPAGNE, médecin de l'asile de Montdevergues. Ouvrage couronné par la Société médico-psychologique (prix André). Paris, 1869. 1 vol. grand in-8.............. 8 fr.

MARIAGES ENTRE CONSANGUINS SOUS LE RAPPORT SANITAIRE (Du danger des), par le Dr François DEVAY. 2e édition. Paris, 1860. 1 vol. in-18... 2 fr. 50

MASSAGE, DES FRICTIONS ET MANIPULATIONS APPLIQUÉS A LA GUÉRISON DE QUELQUES MALADIES (Du), par M. LAISNÉ. Paris, 1868. 1 vol. in-8, avec figures............................ 4 fr. 50

MATERNITÉS (Des), Études sur les maternités et les institutions charitables d'accouchement à domicile dans les principaux États de l'Europe, par le Dr L. LE FORT. Paris, 1866. 1 vol. in-4, avec 11 planches... 18 fr.

MATIÈRE MÉDICALE ET DE THÉRAPEUTIQUE (Traité de), précédé de considérations générales sur la zoologie, et suivi de l'histoire des eaux naturelles, par le Dr S. DIEU. Paris, 1847-1854. 4 vol. in-8....... 10 fr.

MÉDECINE LÉGALE DES ALIÉNÉS (Traité de la), Historique depuis les temps anciens jusqu'à nos jours, par le Dr MOREL, médecin de l'asile de Saint-Yon. Paris, 1866. 1 vol. in-8...................... 2 fr. 50

MEDICO-CHIRURGICÆ (Selecta praxis), quam Mosquæ exercet Alex. AUVERT, typis et figuris expressa. 120 planches gr. in-folio gravées en taille-douce, avec texte explicatif. 2e édit. Paris, 1856. 2 vol. grand in-folio cartonnés, 500 fr. ; demi-reliure............................ 540 fr.

MÉLANCOLIE (De la), par le Dr DUVIVIER. 1864. 1 vol. grand in-18. 3 fr.

MENTALES (Traité des maladies), par le Dr A. MOREL. Paris, 1860. 1 vol. grand in-8 compacte...................... 13 fr.

MÉTRITE CHRONIQUE (De la), par le Dr SCANZONI; traduit de l'allemand par le Dr SIEFFERMANN. Paris, 1866. 1 vol. in-8.................. 7 fr.

MORT SUBITE (De la) dans la fièvre typhoïde, par le Dr Georges DIEULAFOYE. Paris, 1869. 1 vol. in-8............................. 2 fr.

MUSÉE ORFILA (Livret du). — Voyez *Anatomie normale*.

MUSIQUE (Théorie physiologique de la), fondée sur l'étude des sensations auditives, par M. HELMHOLTZ; traduit de l'allemand par M. G. GUÉROULT. Paris, 1868. 1 vol. in-8, avec figures dans le texte........ 11 fr.

NERVEUSES (Des fonctions et des maladies), dans leurs rapports avec l'éducation sociale et privée, morale et physique, par le Dr L. CERISE. 2e édition. 1 vol. in-8. Paris, 1871.... .... 7 fr. 50

OEIL (Traité pratique des maladies de l'), par W. MACKENZIE; traduit sur la quatrième édition et augmenté d'annotations, par MM. les D⁰ WARLOMONT et TESTELIN. Paris, 1857-1866. 3 vol. grand in-8 compactes, avec figures dans le texte.................................... 45 fr.
    Le tome III est vendu séparément........................... 15 fr.

OPÉRATIONS CHIRURGICALES (Traité clinique et pratique des), ou Traité de thérapeutique chirurgicale, par le Dʳ CHASSAIGNAC (M. A. M). Paris, 1862. 2 vol. grand in-8, avec figures dans le texte. 28 fr.

OPHTHALMOSCOPIE ET OPTOMÉTRIE (Traité pratique d'), par Maurice PERRIN, professeur au Val-de-Grâce. Paris, 1870. 1 vol. grand in-8, avec un atlas de 24 planches en couleur et une échelle typographique disposée en 19 tableaux..................................... 32 fr.

OPTIQUE PHYSIOLOGIQUE, par M. HELMHOLTZ; traduite par le Dʳ Em. JAVAL et M. Th. KLEIN. 1 vol. grand in-8, avec 215 figures dans le texte, et un atlas de 11 planches. Paris, 1867....................... 30 fr.

ORBITE (Traité des tumeurs de l'), par M. le Dʳ DEMARQUAY (M. A. M.). Paris, 1860. 1 vol. in-8.. 7 fr.

ORIENT (Relation médico-chirurgicale de la campagne d'), de 1854 à 1856, par le Dʳ SCRIVE. Paris, 1857. 1 vol. in-8......... 3 fr.

ORIGINE DES ESPÈCES (De l'), par sélection naturelle, ou Des lois de transformation des êtres organisés, par M. Ch. DARWIN; traduit en français par Mᵐᵉ Clémence-Aug. ROYER. 3ᵉ édition, revue et corrigée, avec une préface et des notes du traducteur. Paris, 1869. 1 vol. in-8..... 7 fr. 50

OVARIOTOMIE, Traité pratique des maladies des ovaires et de leur traitement, précédé d'un aperçu anatomique et physiologique de ces organes, par M. le Dʳ BOINET. Paris, 1867. 1 vol. in-8.................... 7 fr.

PARALYSIE GÉNÉRALE (Recherches sur l'anatomie pathologique et la nature de la), par les Dʳˢ POINCARÉ et BONNET. Paris, 1869. 1 vol. in-8, avec planches................................... 3 fr.

PATHOLOGIE EXTERNE (Traité élémentaire de), par MM. FOLLIN et DUPLAY. 4 vol. grand in-8, avec figures dans le texte.
    En vente, les tomes I et II, par M. FOLLIN, avec 306 figures.... 23 fr.
    Le tome III, par M. DUPLAY, avec 173 figures................. 14 fr.

PATHOLOGIE ET DE THÉRAPEUTIQUE GÉNÉRALES (Traité de), par M. JAUMES, professeur à la Faculté de Montpellier; ouvrage publié par son fils, avec une notice biographique, par M. FONSSAGRIVES. Paris, 1869. 1 vol. grand in-8 de 1100 pages............................... 16 fr.

PATHOLOGIE INTERNE (Traité de), par le Dʳ GRISOLLE (P. F. P.). 9ᵉ édit., considérablement augmentée. Paris, 1869. 2 vol. gr. in-8. 18 fr.

PAUL D'ÉGINE (Chirurgie de), texte grec, restitué et collationné sur tous les manuscrits de la Bibliothèque nationale, accompagné de variantes de ces manuscrits et de celles des deux éditions de Venise et de Bâle, ainsi que de notes philologiques et médicales, avec traduction française en regard, précédé d'une introduction, par le docteur René BRIAU. Paris, 1855. 1 vol. grand in-8... 9 fr.

PEAU (**Traité pratique des maladies de la**), par le Dr A. DEVERGIE.
3e édition. Paris, 1863. 1 vol. in-8, avec figures dans le texte..... 10 fr.
PEAU (**Traité des maladies de la**), comprenant les exanthèmes aigus,
par M. HÉBRA, professeur à la Faculté de Vienne; traduit par le Dr DOYON.
Fascicules 1 à 7.
Prix de chaque fascicule...................................... 2 fr.
PELLAGRE (**Traité de la**), d'après les observations recueillies en Italie,
en France et principalement dans les asiles d'aliénés, par M. E. BILLOD,
médecin directeur de l'asile de Vaucluse. 2e édition. Paris, 1870. 1 vol. in-8.
10 fr.
PESTE (**Une épidémie de**) en Mésopotamie en 1867, par le Dr THOLOZAN.
Broch. in-8. Paris, 1869................................. 2 fr.
PETIT-LAIT (**Les cures de**) et de raisin, en Allemagne et en Suisse,
dans le traitement des principales maladies chroniques et particulièrement
de la phthisie pulmonaire, par le Dr CARRIÈRE. 1860. 1 vol. in-8. 4 fr. 50
PHARMACIE THÉORIQUE ET PRATIQUE (**Traité de**), de E. SOUBEIRAN.
7e édition, publiée par M. REGNAULT, professeur à la Faculté de méde-
cine. Paris, 1869. 2 forts vol. in-8, avec figures dans le texte... 19 fr.
PHONATION (**Nouvelles recherches sur la**), par M. Ch. BATTAILLE.
Paris, 1860. 1 vol. in-8, avec 7 planches...................... 4 fr.
Voyez *Chant.*
PHOSPHÈNES (**Essais sur les**), ou Anneaux lumineux de la rétine, con-
sidérés sous leurs rapports avec la physiologie de la vision, par le Dr SERRE
(d'Uzès). Paris, 1861. 1 vol. in-8, avec figures dans le texte....... 5 fr.
PHTHISIE PULMONAIRE (**De la cause immédiate de la**), de la
tuberculose et de leur traitement spécifique par les hypophosphites, d'a-
près les principes de la médecine stœhciologique, par le Dr Francis
CHURCHILL. 2e édition. Paris, 1864. 1 fort vol. in-8............. 17 fr.
PHTHISIE PULMONAIRE (**Des pigmentations cutanées dans
la**), par le Dr JEANNIN. Paris, 1869. 1 vol. in-8, avec 1 planche et figures
dans le texte.. 2 fr.
PHYSIOGNOMONIE (**Traité complet de**), ou L'homme moral positive-
ment révélé par l'étude raisonnée de l'homme physique, avec des considérations sur les tempéraments, les caractères, leurs influences réciproques,
par le Dr LEPELLETIER (de la Sarthe). Paris, 1864. 1 vol. in-8.... 7 fr. 50
PHYSIOLOGIE MODERNE (**Influence de la**) sur la médecine pratique,
par MM. les Drs BERNE et DELORE. Paris, 1864. 1 vol. in-8.......... 7 fr.
PHYSIOLOGIE (**Introduction à l'étude de la**), Examen des questions
fondamentales sur la vie dans l'organisation animale, par le Dr A. JOIRE.
Paris, 1864. 1 vol. in-18.. 3 fr.
PHYSIOLOGIE (**Traité de**), appliquée à la médecine et à la chirurgie, par
le Dr LIÉGEOIS (P. A. P.).
En vente, 1 vol. de 450 pages gr. in-8, avec 100 figures dans le texte,
comprenant : Introduction — Physiologie générale — Reproduction.
Paris, 1869.. 6 fr. 50
Et 1 vol. de 150 pages, avec 55 figures dans le texte, comprenant les *mou-
vements*.. 3 fr.

PHYSIOLOGIE ET L'ANATOMIE COMPARÉE DE L'HOMME ET DES ANIMAUX (Leçons sur la), par M. MILNE-EDWARDS, membre de l'Institut. L'ouvrage comprendra environ douze volumes grand in-8 du prix de 9 fr. En vente, les tomes I à IX... 81 fr.

PHYSIOLOGIE. — Voyez *Archives.*

PHYSIOLOGIE de l'*optique* et de la *musique.* — Voyez ces mots.

PHYSIOLOGIE DE L'HOMME ET DES ANIMAUX (Journal de la), par le Dr BROWN-SÉQUARD (P. F. P.), publié de 1858 à 1863. 6 volumes grand in-8, avec planches et figures dans le texte................... 108 fr.

PHYSIQUE MÉDICALE. De la chaleur produite par les êtres vivants, par M. GAVARRET (P. F. P.). Paris, 1855. 1 vol. grand in-18, avec figures dans le texte. Voyez *Vie*... 6 fr.

POISONS (Instruction sur la recherche des), et la détermination des taches de sang dans les expertises chimico-légales, à l'usage des pharmaciens, des médecins et des avocats, par le Dr Jules OTTO; traduit sur la 3e édition par M. STROHL, professeur à l'École supérieure de pharmacie de Strasbourg. Paris, 1869. 1 vol. gr. in-8...................... 3 fr.

POITRINE (Traité des maladies de la), par WALSHE; traduit sur la 3e édit. et annoté par M. FONSSAGRIVES (P. F. M.). Paris, 1870. 1 vol. grand in-8, avec figures dans le texte............................... 10 fr.

PREMIER AGE (Traité de quelques maladies pendant le), par A. MIGNOT. Paris, 1859. 1 vol. in-8............................... 5 fr.

PREMIERS SOINS A DONNER AVANT L'ARRIVÉE DU MÉDECIN, par le Dr Constantin JAMES. Paris, 1868. 1 vol. in-18 cart., tr. rouges..... 6 fr.

PRINCIPES DE LA DOCTRINE ET DE LA MÉTHODE EN MÉDECINE. Introduction à l'étude de la pathologie et de la thérapeutique, par M. le Dr DELIOUX de SAVIGNAC. Paris, 1861. 1 vol. in-8................ 10 fr.

PSYCHOLOGIE MORBIDE DANS SES RAPPORTS AVEC LA PHILOSOPHIE DE L'HISTOIRE (La), par le Dr MOREAU (de Tours). Paris, 1859. 1 vol. in-8, avec une planche..................................... 8 fr.

QUINQUINA (Recherches expérimentales sur les propriétés du), et ses composés, par le Dr BRIQUET (M. A. M.). Ouvrage couronné par l'Académie des sciences. 2e édition. Paris, 1855. 1 vol. in-8....... 4 fr.

RACES HUMAINES (De la pluralité des), essai anthropologique, par G. POUCHET. 2e édition. Paris, 1864. 1 vol. in-8................. 3 fr. 50

RAPPORTS DU PHYSIQUE et du moral de l'homme, par CABANIS. Nouvelle édit. publiée par le Dr CERISE (M. A. M.). Paris, 1869. 2 vol. gr. in-18. 6 fr.

RECHERCHES SUR LES CONDITIONS ANTHROPOLOGIQUES de la production scient. et esthétique. *Partie anthropol.*, par M. Th. WECHNIAKOFF. 1er *fascicule.* Groupe polytypique et monotypique. 1 vol. in-8...... 3 fr. 2e *fascicule.* Groupe philosophique. 1 vol. in-8..................... 3 fr.

RECRUTEMENT DE L'ARMÉE, et population de la France, par le Dr CHENU. 1 vol. grand in-4. Paris, 1867.......................... 3 fr.

RÉGÉNÉRATION DES OS (Traité expérimental et clinique de la), et de la production artificielle du tissu osseux, par le Dr OLLIER, chirurgien en chef de l'Hôtel-Dieu de Lyon. Ouvrage qui a obtenu le grand prix de chirurgie. Paris, 1867. 2 vol. in-8, avec figures dans le texte et planches en taille-douce. 30 fr.

RÉGÉNÉRATION (Études expérimentales sur la) des tissus cartilagineux et osseux, par le D. H. PEYRAUD. Paris, 1869. 1 vol. in-8, avec
figures et planches...................................... 3 fr. 50

**RÉSECTION SOUS-CAPSULO-PÉRIOSTÉE DE L'ARTICULATION DU
COUDE (De la)**, par le Dr MARDUEL. Paris, 1867. 1 vol. in-8..... 3 fr.

ROMAINS (Assistance médicale chez les), par le Dr René BRIAU.
Paris, 1866, in-8... 3 fr. 50

ROMAINS (Service de santé militaire chez les), par le Dr René
BRIAU. Paris, 1870. 1 vol. in-8............................ 3 fr. 50

SAIGNÉE DANS LA GROSSESSE (De la), par le Dr SILBERT (d'Aix). Paris,
1857. 1 vol. in-8... 4 fr. 50

SEIN ET DE LA RÉGION MAMMAIRE (Traité des maladies du),
par le professeur VELPEAU. 2e édition. Paris, 1858. 1 vol. in-8, avec 8 planches gravées... 12 fr.

SIÉGE COMMUN DE L'INTELLIGENCE (Du), de la volonté et de la sensibilité chez l'homme, par Max PARCHAPPE. Première partie : preuve pathologique. Paris, 1856, in-8.............................. 2 fr. 50

SOCIÉTÉ ANATOMIQUE. — Voyez *Anatomique*.

SOCIÉTÉ D'ANTHROPOLOGIE, *Mémoires* et *Bulletin*.

SOCIÉTÉ DE CHIRURGIE, *Mémoires* et *Bulletin*.
Voir aux *Publications périodiques* et à *Anthropologie* et *Chirurgie*.

SOLITUDE (La), par ZIMMERMANN ; traduction nouvelle, par X. MARMIER.
Paris, 1855. 1 vol. grand in-18............................ 3 fr.

SOMMEIL ET DES ÉTATS ANALOGUES (Du), considérés surtout au
point de vue de l'action du moral sur le physique, par le Dr A. LIÉBAULT.
Paris, 1866. 1 vol. in-8................................... 6 fr.

**SOURCES DE FRANCE, D'ANGLETERRE ET D'ALLEMAGNE (Études
médicales et statistiques sur les principales)**, par le
Dr HERPIN (de Metz). Paris, 1856. 1 vol. grand in-18.......... 2 fr.

**STRABISME DANS SES APPLICATIONS A LA PATHOLOGIE DE LA
VISION (Du)**, par le Dr E. JAVAL. Paris, 1868. 1 vol. in-8...... 2 fr. 50

SUICIDE POLITIQUE EN FRANCE (Du), depuis 1789 jusqu'à nos jours,
par le D^r DES ÉTANGS. Paris, 1860. 1 vol. in-8 .... 3 fr.

SUICIDE et les maladies mentales dans le département de Seine-et-Marne,
avec points de comparaison, en France et à l'étranger, par le Dr Émile
LEROY. Paris, 1870. 1 vol. in-8, avec carte................. 5 fr.

SYSTÈME NERVEUX (Traité et iconographie du), et des organes
des sens de l'homme, avec leur mode de préparation, par M. Ludovi
HIRSCHFELD, professeur à la faculté de Varsovie. 2e édition. Paris, 1865.
1 vol. in-8, av. un atlas de 92 pl., dessin. d'après les préparations de l'auteur, par M. LEVEILLÉ. Le texte, 1 vol. in-8 ; l'atlas, 1 vol. in-4 colomb.
Noir.................. 60 fr. — Colorié................. 110 fr.
Le texte seul.. 12 fr.

SYSTÈME SPINAL DIASTALTIQUE (Aperçu du), ou Système des actions réflexes dans ses applications à la physiologie et à la pathologie, par Marshall-Hall. Paris, 1855. 1 vol. grand in-18, avec figures..... 2 fr.

TRANSFUSION DU SANG (De la), par le Dr Charles Marmonier. Paris, 1869. 1 vol. in-8................ 4 fr.

TUBERCULOSE (De la) ET PHTHISIE PULMONAIRE, par M. Bouchard (P. A. P.). Paris, 1867, in-8................ 1 fr. 50

URÈTHRE (Calculs de l') et des régions circonvoisines chez l'homme et la femme, par le Dr Bourdillat. Paris, 1869. 1 vol. in-8, avec fig. 4 fr.

URIAGE ET SES EAUX MINÉRALES, par le Dr A. Doyon, médecin-inspecteur. Paris, 1855. 1 vol. in-18, avec 6 vignettes.......... 3 fr. 50

UTÉRINE (Notes cliniques sur la chirurgie), par le Dr Marion Sims ; traduit de l'anglais par M. Lhéritier, médecin-inspecteur des eaux de Plombières. Paris, 1866. 1 vol. in-8, avec figures dans le texte.. 9 fr.

VACCINE (Conclusions statistiques contre les détracteurs de la), ou Essai sur la durée comparative de la vie humaine au dix-huitième et au dix-neuvième siècle, par le Dr Bertillon. 1857. 1 vol. gr. in-18. 2 fr.

VADE-MECUM DU MÉDECIN PRATICIEN, Précis de thérapeutique spéciale, de pharmaceutique et de pharmacologie, par les Drs A. Moure et Martin. Paris, 1845. 1 beau vol. grand in-18 compacte........ 3 fr. 50
— *Le même*, demi-reliure..................... 5 fr.

VÉGÉTAUX MÉDICINAUX (Aperçu systématique des), des végétaux alimentaires ainsi que des végétaux employés dans les arts et dans l'industrie, par M. Oberlin. Paris, 1867. 1 vol. in-18.............. 2 fr.

VÉNÉRIENNES (Précis iconographique des maladies), par M. le Dr A. Cullerier. Paris, 1866. 1 vol. grand in-18 de 700 pages et 74 planches gravées sur acier et coloriées.................... 50 fr.
— *Le même*. Gr. in-8 jés., tiré sur chine et colorié, relié maroq. vert. 80 fr.

VÉNÉRIENNES (Traité des maladies), par le Dr J. Rollet. Paris, 1868. 1 fort vol. in-8 compacte.................... 12 fr.

VIE DANS L'HOMME (La), par M. Tissot, doyen de la Faculté de Dijon. Tome I, Psychologie expérimentale. Paris, 1861. 1 vol. in-8..... 7 fr. 50

VIE DANS L'HOMME (La), par le même. Tome II, Psychologie rationnelle. Paris, 1861. 1 vol. in-18.................... 7 fr. 50

VIE ET LA MORT (Recherches physiologiques sur la), par Bichat, suivies de notes, par le Dr Cerise. 4e édition. Paris, grand in-8..... 3 fr.

VIE (Phénomènes physiques de la), par M. A. Gavarret (P. F. P.). Paris, 1869. 1 vol. in-18.................... 4 fr.

VIEILLESSE (La) considérée comme maladie et les moyens de la combattre ; par Léop. Turck. 5e édition. 1 vol. in-18. Paris, 1869 ...... 3 fr.

VOIES URINAIRES, MALADIES DE L'URÈTHRE (Traité des maladies des), par Voillemier, chirurgien de l'Hôtel-Dieu. Paris, 1868. 1 beau vol. grand in-8 compacte, avec 87 figures dans le texte........ 12 fr. 50

HISTOIRE NATURELLE

ALGARUM species, genera et ordines, auctore AGARDH, volumen primum algas fucoïdas complectens. Lundæ, 1848. 1 vol. in-8............ 12 fr.
— Volumen secundum, algas florideas complectens. 5 fascicules. Lundæ, 1851-1863... 39 fr.

ANIMAUX VERTÉBRÉS (Catalogue des), qui vivent à l'état sauvage dans le département de l'Yonne, avec la clef des espèces et leur diagnose, par M. Paul Bert. Paris, 1864, in-8, 2 planches................... 4 fr.

ANNALES DES SCIENCES NATURELLES. Zoologie, par Milne-Edwards. Botanique, par MM. Brongniart et Decaisne.

ANNALES DES SCIENCES GÉOLOGIQUES.
— Voir aux *Publications périodiques*.

ASCOBOLÉS (Mémoires sur les), par Boudier. 1 vol. grand in-8, avec 8 planches gravées et coloriées. Paris, 1870.................... 10 fr.

AUSTRIACARUM (Physiotypia plantarum). L'impression naturelle appliquée à la représentation des plantes vasculaires, et particulièrement à celle de leur nervation, par MM. Ettingshausen (Constantin d') et Aloïs Pokorny. 500 planches in-folio et 30 planches in-4, imprimé aux frais de l'État par l'Imprimerie Impériale et Royale d'Autriche. Vienne, 1856. 5 vol. in-folio et 1 vol. in-4................................... 7:0 fr.

BOTANIQUE (Cours de), par M. A. de Jussieu. 1 vol. in-18, avec 812 figures, 9e édition. Paris, 1870... 6 fr.

BOTANIQUE (Histoire de la) et plan des familles naturelles des plantes, par Michel Adanson. 2e édition, préparée par l'auteur et publiée par Al. Adanson et J. Payer. Paris, 1847-1864. 1 vol. grand in-8, avec une planche... 6 fr.

BOTANIQUE (Éléments de), par J. Payer, membre de l'Institut. Paris, 1857, première partie : Organographie. 1 vol. grand in-18, avec 600 figures intercalées dans le texte....................................... 5 fr.
L'ouvrage sera continué par M. le professeur Baillon.

BOTANIQUE (Leçons élémentaires de), fondées sur l'analyse de 50 plantes vulgaires et formant un traité complet d'organographie et de physiologie végétales, par E. Le Maout. 3e édition, 1867. 1 vol. grand in-8, avec atlas de 50 planches et 750 figures dans le texte.
Avec l'atlas noir........ 12 fr.   Avec l'atlas colorié........ 16 fr.

BUXACÉES ET STYLOCÉRÉES (Monographie des), par M. BAILLON
(P. F. P.). Paris, 1859, grand in-8, avec 3 planches gravées........ 5 fr.

CAHIERS D'HISTOIRE NATURELLE. — Voyez *Histoire naturelle*.

CLASSIFICATION ADOPTÉE pour la collection des roches du Muséum
d'histoire naturelle de Paris, par M. DAUBRÉE, membre de l'Institut. Paris,
1867. 1 brochure in-8.............. .... 2 fr.

CONCHYLIOLOGIE (Atlas de), représentant 1,800 coquilles vivantes ou
fossiles, par M. V. DESHAYES, professeur au Muséum. 1 atlas grand in-8 de
130 planches, avec texte explicatif. Prix, avec figures en noir..... 30 fr.
— *Le même*, figures coloriées................................ 72 fr.

**CONCHYLIOLOGIE ET PALÉONTOLOGIE CONCHYLIOLOGIQUE
(Manuel de)**, contenant la description et la représentation de près de
5,000 coquilles, par M. le Dr CHENU. Paris, 1862. 2 vol. in-4, avec 4,943 figures
dans le texte, dont les principales coloriées.................... 32 fr.

CRUSTACÉS PODOPHTHALMAIRES FOSSILES (Histoire des), par
M Alph. MILNE-EDWARDS. Tome Ier, grand in-4, accompagné de 36 planches.. 35 fr.

CUVIER (Lettres de Georges), sur la politique et l'histoire naturelle,
écrites en allemand, à son ami Pfaff, de 1788 à 1792 ; publiées pour la première fois en français ; traduction du Dr MARCHANT. Paris, 1858. 1 vol. grand
in-18, avec une planche.............................. 1 fr.

**DENTALE (Histoire de l'organisation, du développement,
des mœurs et des rapports zoologiques du)**, par M. le professeur LACAZE-DUTHIERS. 1858. 1 vol. in-4, avec 14 planches gravées. 25 fr.

**DÉVELOPPEMENT DES CORPS ORGANISÉS (Histoire générale et
particulière du)**, par le professeur COSTE. Atlas de 50 planches
grand in-plano, gravées en taille-douce, imprimées en couleur et accon pa-
gnées de contre-épreuves portant la lettre. Publiée en six livraisons.
   Prix de la livraison..... .... 52 fr.
Quatre sont en vente.

DÉVELOPPEMENT DE LA FLEUR ET DU FRUIT (Traité du), par
M. BAILLON (P. F. P). Paraît par livraisons renfermant une feuille de texte
in-8 et une planche gravée. Prix de la livraison................ 1 fr. 50

DIPTÈRES DES ENVIRONS DE PARIS (Histoire naturelle des), par
ROBINEAU. Ouvrage posthume, publié par M. MONCEAUX. 2 vol. in-8. 30 fr.

EUPHORBIACÉES (Étude générale du groupe des), recherche des
types — organographie — organogénie — distribution géographique —
affinités — classification — description des genres, par M. BAILLON (P. F. P.)
Paris, 1858. 1 vol. grand in-8, avec atlas cartonné.............. 36 fr.

EUPHORBIARUM (Icones), avec figures de 122 espèces du genre Euphorbia,
avec les considérations sur la classification et la distribution géographique
des plantes de ce genre, par M. BOISSIER. Paris, 1866. 1 vol. in-folio de
122 planches, avec texte explicatif................... .... 70 fr.

FLORE DES ENVIRONS DE PARIS, ou Description des plantes qui croissent spontanément dans cette région et de celles qui y sont généra'ement culti-
· vées, accompagnées de tableaux synoptiques et d'une carte des environs de Paris, par les Drs Ernest Cosson et E. Germain de Saint-Pierre. 5e édition. Paris, 1861. 1 fort vol. in-8... 15 fr.
    Voyez *Synopsis de la Flore*.

FOURMILIER (Mémoires sur le grand) (*Myrmecophaga jubata*, Linné), par Georges Pouchet, aide-naturaliste au Muséum. Paris, 1868. 1 vol. grand in-4, avec 16 planches lithographiées par M. Leveillé.. 35 fr.

GÉOGRAPHIE BOTANIQUE RAISONNÉE, par M. A. de Candolle. Paris, 1855. 1 tome grand in-8 de 1300 pages, divisé en 2 volumes compactes, avec 2 cartes coloriées... 25 fr.

GÉOLOGIE (Introduction philosophique à l'étude de la), par A. Gautier. Paris, 1853. 1 vol. in-8............................. 3 fr.

GÉOLOGIQUE (Carte) des parties de la Savoie, du Piémont et de la Suisse voisines du mont Blanc, par M. Favre. Une feuille grand in-fol. col. 15 fr.

GÉOLOGIQUES (Recherches) dans les parties de la Savoie, du Piémont et de la Suisse voisines du mont Blanc, par M. Alph. Favre, professeur à l'académie de Genève. Paris, 1867. 3 vol. in-8, avec un atlas de 32 planches in-folio, cartonné... 60 fr.

GLACIERS (Système glaciaire ou Recherches sur les), leur méca-nisme, leur ancienne extension, et le rôle qu'ils ont joué dans l'histoire de la terre, par Agassiz. Paris, 1847. 1 vol. grand in-8, avec un atlas de 3 cartes et 9 planches en partie coloriées....................... 50 fr.

GUÊPES. — Voyez *Vespides*.

HAUTES ÉTUDES (Bibliothèque de l'École des), publiée sous le patronage du ministère de l'Instruction publique, section des sciences naturelles. (Voyez *Publications périodiques*.)

HIPPOPOTAME (Recherches sur l'anatomie de l'), par M. Gratiolet, publiées par les soins du docteur Alix. 1 vol. in-4, avec 13 planches lithographiées.. 25 fr.

HISTOIRE NATURELLE (Cahiers d'), par MM. Milne-Edwards et Achille Comte. Nouvelle édition. 3 vol. in-12............................. 6 fr.
    On vend séparément : Zoologie, 15 planches. — Botanique, 9 planches. — Géologie, 10 planches. — Chaque cahier est vendu............. 2 fr.

HISTOIRE NATURELLE (Cours élémentaire d'), adopté par le Conseil supérieur de l'Instruction publique et approuvé par Mgr l'archevêque de Paris. 3 vol. grand in-18.

Zoologie, par M. Milne-Edwards, 1871. 11e édit., avec 506 fig. Prix. 6 fr.

Botanique, par M. A. de Jussieu, 9e édit. 1870, avec 812 fig. Prix. 6 fr.

Minéralogie et Géologie, par M. Beudant. 12e édition, 1869, avec 800 figures.. 6 fr.

Géologie, séparément. 1 vol..... .... 4 fr.

HISTOIRE NATURELLE (Notions élémentaires d'), par M. A. Bourrus, professeur au lycée de Mont-de-Marsan ; ouvrage rédigé conformément
aux programmes de l'enseignement spécial pour l'*année préparatoire*
(ZOOLOGIE — BOTANIQUE — GÉOLOGIE). 3e édition. Paris, 1 vol. petit in-8,
avec planches et figures dans le texte.................................... 2 fr. 15
    Zoologie et botanique seules................................ 1 fr. 40
    Géologie seule... » 75

HISTOIRE NATURELLE (Planches murales d'), par M. Achille Comte.
Ces planches sont imprimées sur papier à fond noir et coloriées avec le plus
grand soin ; elles mesurent près d'un mètre carré, et comprennent toutes
les questions des programmes d'Histoire naturelle de l'enseignement secondaire et de l'enseignement spécial. — La liste détaillée de cette collection
est envoyée à quiconque veut bien en faire la demande.
1re série. Zoologie, 52 planches en 60 feuilles. — 2me série. Botanique,
26 feuilles. — 3me série. Géologie, 13 planches en 14 feuilles.
    Prix de la collection de 100 planches....................... 350 fr.
    Chaque feuille séparément................................ 4 fr.

HISTOIRE NATURELLE (Précis d'), de la collection du Baccalauréat ès
sciences. Zoologie — Botanique — Géologie, par M. Alph. Milne-Edwards.
2e édition. Paris, 1868. In-18, avec figures........................ 3 fr.

HISTOIRE NATURELLE appliquée à l'agriculture, à l'industrie, au commerce et à tous les arts technologiques, par M. A. F. Noguès, professeur
à l'École centrale lyonnaise et à l'École Fénelon. Ouvrage rédigé conformément aux programmes pour l'enseignement spécial (ZOOLOGIE —
BOTANIQUE — GÉOLOGIE). En vente : 4e année. Paris, 1870. 1 vol. petit
in-8.. 7 fr.

HYMÉNOPTÉROLOGIQUES (Mélanges), par H. de Saussure. 1er et
2e fascicules. In-4, avec planches coloriées. Prix de chaque fascicule.. 6 fr.

INDEX CANDOLLEANUS, par Buek, contenant la table des genres, espèces
et synonymes des volumes I à XIII, inclusivement, du Prodromus, par
M. de Candolle. 2 vol. in-8................................... 30 fr.

JURA ET DES DÉPARTEMENTS VOISINS (Histoire naturelle du).
    I. — **Géologie**, par le F. Ogérien. Paris, 1865. In-8, avec 400 figures,
    une carte climatérique et une carte géologique coloriées....... 15 fr·
    II. — **Botanique**, par Michalet. Paris, 1864. 1 vol. in-8....... 5 fr.
    III. — **Zoologie vivante**, par le F. Ogérien. Paris, 1863. 1 vol. in-8,
    avec 211 figures.. 7 fr.

**LITTORAL DE LA FRANCE (Recherches pour servir à l'histoire
naturelle du)**, ou Recueil de mémoires sur l'anatomie, la physiologie,
la classification et les mœurs des animaux de nos côtes, par MM. V. Audouin
et Milne-Edwards. 2 vol. grand in-8 cartonnés, ornés de planches gravées et coloriées... 34 fr.

MAMMIFÈRES (Recherches pour servir à l'histoire naturelle des), par M. Milne-Edwards, membre de l'Institut, et M. Alph. Milne-Edwards. Un volume de texte grand in-4, avec un atlas de même format d'au moins 100 planches, avec leurs explications en regard, dont la plupart coloriées. Chaque livraison.................................... 13 fr.
Prix de l'ouvrage pour les souscripteurs, même s'il y a plus de 20 livraisons, 260 fr. — En vente, livraisons 1 à 9.

MEXIQUE, DES ANTILLES ET DES ÉTATS-UNIS (Mémoires pour servir à l'histoire naturelle du), par de Saussure.
1re livraison. — **Crustacés**, 1858. In-4, avec 6 planches......... 9 fr.
2e livraison. — **Myriapodes**, 1860. In-4, avec 7 planches, dont 1 coloriée... 16 fr.
3e et 4e livraisons, **Orthoptères**, Blattides. Paris, 1865. In-4, avec 2 planches.. 20 fr.

MEXIQUE (Mission scientifique au), dans l'Amérique centrale, publiée par M. le Ministre de l'instruction publique; partie zoologique, publiée sous la direction de M. Milne-Edwards.
En vente, une livraison de chacune des parties suivantes :

MOLLUSQUES, par MM. Fischer et Crowe, 1 livraison de 17 feuilles et 6 planches en 40 couleurs. Grand in-4.

REPTILES, par M. Duméril et Bocourt, 4 feuilles, 10 planches, dont 6 en couleur. In-4.

INSECTES, par M. de Saussure, 17 feuilles, 4 planches, dont 2 en couleur. In-4. — Prix de chaque livraison.......................... 14 fr.

MINÉRALOGIE ET GÉOLOGIE (Cours élémentaire de), par M. Beudant. 12e édition. Paris, 1869. 1 vol. in-18, avec 800 figures........... 6 fr.

MINÉRALOGIE ET DE GÉOLOGIE (Éléments de), comprenant des notions de lithologie et un lexique où se trouvent indiqués les caractères génériques des fossiles, par M. Leymerie, professeur à la Faculté de Toulouse. Paris, 1867. 2e édition. 1 vol. in-18 en deux parties, renfermant 300 figures... 9 fr.

MINÉRALOGIE (Cours de), par A. Leymerie, professeur à la Faculté de Toulouse. 2e édition. Paris, 1868. 2 vol. in-8, avec 352 figures..... 12 fr.

MONDE PRIMITIF A SES DIFFÉRENTES ÉPOQUES DE FORMATION (Le), par F. Unger. 16 gravures, avec texte explicatif. 2e édition, revue et augmentée de 2 gravures. Leipzig et Paris, 1860. Gr. in-plano. 86 fr.

MURIERS (Description, culture et taille des), leurs espèces et leurs variétés, par N. C. Seringe. Paris, 1855. 1 vol. grand in-8, avec figures dans le texte, accompagné d'un atlas in-4 de 27 planches.............. 9 fr.

OISEAUX FOSSILES DE LA FRANCE (Recherches anatomiques et paléontologiques pour servir à l'histoire des), par M. Alph. Milne-Edwards. Ouvrage qui a obtenu le grand prix des sciences physiques en 1866. 2 vol. in-4 avec 800 planches, dont plusieurs coloriées.. 200 fr.

ORGANOGÉNIE COMPARÉE DE LA FLEUR (Traité d'), par J. PAYER. Paris, 1857. 1 vol. grand in-8, avec un atlas de 154 planches gravées en taille-douce. 2 volumes, demi-reliure maroquin, les planches montées sur onglets... 160 fr.

ORTHOPTÉROLOGIQUES (Mélanges), par H. DE SAUSSURE. 1er fascicule. In-4, avec planches coloriées...................................... 6 fr.

OTIA HISPANICA, seu Delectus plantarum rariorum aut nondum rite notarum per Hispanias sponte nascentium, auctore P. WEBB. Paris, 1853. 1 vol. petit in-folio, avec 45 planches gravées en taille-douce..... 30 fr.

PALÉONTOLOGIE ET DE GÉOLOGIE STRATIGRAPHIQUES (Cours élémentaire de), par M. Alcide D'ORBIGNY. Paris, 1852. 2 tomes publiés en 3 vol. in-18, avec 1,046 figures dans le texte.

PALÉONTOLOGIE STRATIGRAPHIQUE UNIVERSELLE (Prodrome de), faisant suite au Cours élémentaire de paléontologie et de géologie stratigraphiques, par M. Alcide D'ORBIGNY. 3 vol. grand in-18 jésus.... 12 fr.

PALÉONTOLOGIE FRANÇAISE. Description de tous les animaux mollusques et rayonnés fossiles de France, avec des figures de toutes les espèces, lithographiées d'après nature.

La PALÉONTOLOGIE FRANÇAISE, commencée par Alcide d'Orbigny, est continuée depuis la mort de ce savant par une réunion de paléontologistes, sous la réunion d'un comité spécial.

Parties publiées par Alc. D'orbigny.

TERRAIN CRÉTACÉ. —CÉPHALOPODES, 1 vol. de texte, atlas de 150 pl. 48 fr.
—   —   GASTÉROPODES, 1 vol. de texte, atlas de 91 pl. 30 fr.
—   —   LAMELLIBRANCHES, 1 vol. de texte, atlas de 257 pl. 80 fr.
—   —   BRACHIOPODES, 1 vol. de texte, atlas de 111 pl. 35 fr.
—   —   BRYOZOAIRES, 1 vol. de texte, atlas de 202 pl. 65 fr.
—   —   ÉCHINIDES IRRÉGULIERS. 1 vol. de texte, atlas de 207 pl. 67 fr.

Ensemble : 6 volumes de texte et 6 atlas comprenant 1,018 pl..... 325 fr.
TERRAIN JURASSIQUE. —CÉPHALOPODES, 1 vol. de texte, atlas de 234 pl. 75 fr.
—   —   GASTÉROPODES, 1 vol. de texte, atlas de 198 pl. 65 fr.
Ensemble : 2 volumes de texte et 2 atlas ensemble de 432 pl..... 140 fr.

Parties publiées sous la direction du Comité.

TERRAIN CRÉTACÉ : *Échinides II*, Tome VII (septième de la publication), par M. COTTEAU. — 1 volume de texte et un atlas de 200 planches. 102 fr.

TERRAIN CRÉTACÉ. *Zoophytes*, par M. DE FROMENTEL, 7 livraisons parues.

TERRAIN JURASSIQUE. *Brachiopodes*, par M. DESLONGCHAMPS, 5 livraisons parues.

—   —   *Gastéropodes*, par M. PIETTE, 3 livraisons parues.

—   —   *Zoophytes*, par MM. DE FROMENTEL et FERRY, 5 livraisons parues.

—   —   *Échinodermes*, par M. COTTEAU, 3 livraisons parues.

Chaque livraison de 12 planches, avec le texte correspondant........ 6 fr.
Paraît par livraisons de 8 planches tirées à deux teintes, avec le texte correspondant.

VÉGÉTAUX FOSSILES (**Terrain jurassique**, par M. le Cte DE SAPORTA.
Prix de la livraison.. 6 fr.

PHYSIOLOGIE COMPARÉE DE L'HOMME ET DES ANIMAUX, par M. MILNE-EDWARDS. — Voyez p. 21.

PHYSIOLOGIE VÉGÉTALE, recherches sur les conditions d'existence des plantes et sur le jeu de leurs organes, par le Dr Julius SACHS; traduit de l'allemand, avec l'autorisation de l'auteur, par M. Marc MICHELI. Paris, 1869. 1 vol. in-8, avec 50 figures dans le texte.................. 12 fr.

PLANTARUM (**Theoria systematis**), auctore J. AGARDH; accedit familiarum phanerogamarum in series naturales dispositio secundum structuræ normas et evolutionis gradus instituta. Lundæ, 1858. 1 vol. in-8, avec atlas de 28 planches... 24 fr.

PRODROMUS SYSTEMATIS NATURALIS REGNI VEGETABILIS, sive Enumeratio contracta ordinum, generum specierumque plantarum huc usque cognitarum, par M. DE CANDOLLE. Paris, 1824-1860, in-8.
En vente les tomes I à XVI................................... 274 fr.
Chacun des volumes depuis le tome VIII, se vend.............. 16 fr.
Le tome XIII a une deuxième partie vendue................... 12 fr.
Le tome XV, 1re partie, 1864. 1 vol. in-8...................... 12 fr.
Le tome XV, 2e partie. 1 vol. de près de 1300 pages. Paris, 1866.   34 fr.
Le tome XVI, 2e partie.. 16 fr.
Tome XVI, 1re partie.. 12 fr.

RÈGNE ANIMAL (**Le**), distribué d'après son organisation, pour servir de base à l'histoire naturelle des animaux, et d'introduction à l'anatomie comparée, par M. Georges CUVIER. Publié par une réunion de professeurs. 11 vol. de texte et 11 atlas formant un ensemble de 993 planches, grand in-8 jésus. Les 11 tomes du texte, brochés en 10 vol., les 993 planches et leurs explications réunies en 39 étuis.
Avec planches noires...................................... 590 fr.
Avec planches coloriées................................... 1,310 fr.
Prix d'une demi-reliure de luxe, en 10 vol. de texte et 10 atlas montés sur onglets, ensemble 20 volumes, dos et coins en maroquin, tranche supérieure dorée.. 170 fr.

RÈGNE ANIMAL (**Le**), disposé en tableaux méthodiques, par Achille COMTE. 91 tableaux sur grand colombier, représentant environ 5,000 figures d'animaux... 114 fr.

RÈGNES ORGANIQUES (**Histoire naturelle générale des**), principalement étudiée chez l'homme et les animaux, par Isidore GEOFFROY-SAINT-HILAIRE. Paris, 1854 à 1862. 3 vol. in-8.................. 24 fr.

RÈGNE VÉGÉTAL (**Introduction au**), de A. L. DE JUSSIEU, disposée en tableau méthodique, par A. COMTE. Une feuille gr. in-8 colomb. 1 fr. 25

ROCHES. — Voyez *Classification*.

SAVOIE. — Voyez *Géologie*.

SCOLIA (**Catalogus specierum generis**) (*sensu latiori*), continens specierum diagnoses, descriptiones synonymiamque, etc., par MM. DE SAUSSURE et SICHEL. Paris, 1864. 1 vol. in-8, avec 2 planches coloriées....... 8 fr.

SOLANACÉES (**De la famille des**), par M. Alph. MILNE-EDWARDS. Paris, 1864. Grand in-8, avec 2 planches coloriées..................... 4 fr.

SOUVENIRS D'UN NATURALISTE, par A. DE QUATREFAGES, membre de l'Institut. Paris, 1854. 2 vol. in-13............................... 4 fr.

STRUCTURE ET PHYSIOLOGIE DE L'HOMME, démontrées à l'aide de figures coloriées découpées et superposées, par Achille COMTE. 10e édition, 1870. 1 vol. grand in-18, avec atlas de 8 planches gravées en taille-douce et figures dans le texte..................................... 4 fr. 50

SYNOPSIS DE LA FLORE des environs de Paris, destiné aux herborisations, contenant la description des familles et des genres, celle des espèces et des variétés sous la forme analytique, avec leur synonymie et leurs noms français, l'indication des propriétés des plantes employées en médecine, dans l'industrie ou dans l'économie domestique, et une table des noms vulgaires, par les Drs Ernest COSSON et GERMAIN DE SAINT-PIERRE. 2e édition. Paris, 1859. 1 vol. petit in-18.............................. 4 fr.

VÉGÉTAUX FOSSILES. Voyez *Paléontologie française*.

VESPIDES (**Études sur la famille des**), par H. DE SAUSSURE. 3 vol. grand in-8 et atlas divisés comme suit : Paris, 1852-1860....... 144 fr.

Monographie des guêpes solitaires, ou de la tribu des Euméniens. Paris, 1852. 1 vol. grand in-8, avec atlas colorié de 22 planches.... 36 fr.

Monographie des guêpes sociales. Paris, 1860. 1 vol. grand in-8, avec atlas colorié de 39 planches............................. 66 fr.

Monographie des Masariens. Paris, 1856. 1 vol. grand in-8, avec atlas colorié de 16 planches.................................. 42 fr.

VOLCANS (**Les**), leurs caractères et leurs phénomènes, avec un catalogue descriptif de toutes les formations volcaniques aujourd'hui connues, par SCROPE (Poulett). Ouvrage traduit de l'anglais par E. PIERRAGGI. Paris, 1864. 1 vol. in-8, relié à l'anglaise, avec 2 planches coloriées et figures dans le texte....................................... 14 fr.

ZOOLOGIE (**Cours de**), par M. MILNE-EDWARDS, membre de l'Institut. Paris, 1871, 11e édition. 1 vol. in-18, avec 506 figures........... 6 fr.
Voyez *Histoire naturelle (Cours d')*.

ZOOLOGIE GÉNÉRALE (**Introduction à la**), ou Considérations sur les tendances de la nature dans la constitution du règne animal, par M. MILNE-EDWARDS, de l'Institut. Paris, 1853, 1re partie. 1 vol. in-18...... 2 fr. 25

ZOOLOGIE (**Notions préliminaires de**), par M. MILNE-EDWARDS. Paris, 1853. 1 vol. grand in-18, avec 352 figures...................... 3 fr.

CHIMIE — PHYSIQUE

MATHÉMATIQUES

ALGÈBRE (Précis d'), de la collection du Baccalauréat ès sciences, par M. MAUDUIT, professeur au lycée Saint-Louis. 3º édition, rédigée conformément aux nouveaux programmes. Paris, 1870. 1 vol. in-18...... 1 fr. 40

ANALYSE CHIMIQUE QUALITATIVE (Précis d'). Ouvrage contenant les opérations et les manipulations générales de l'analyse, la préparation et l'usage des réactifs, les caractères des acides et des bases; les essais au chalumeau, la marche de l'analyse qualitative, la détermination des sels, l'essai des eaux potables, l'analyse des eaux minérales, l'analyse des mélanges gazeux, l'analyse immédiate des matières végétales et animales, la recherche des poisons, l'exposition de l'analyse spectrométrique, par MM. C. GERHARDT et CHANCEL. 3ᵉ édition. Paris, 1867. 1 vol. grand in-18, avec figures.. 7 fr. 50

ANALYSE CHIMIQUE QUANTITATIVE (Précis d'). Ouvrage contenant la description des appareils et des opérations générales de l'analyse quantitative, les méthodes de dosage et de séparation des bases et des acides, l'analyse par les liqueurs titrées, l'analyse organique, l'analyse des gaz, l'analyse des eaux minérales, des cendres, des terres arables, l'exposition du calcul des analyses, par MM. C. GERHARDT et CHANCEL, professeur à la Faculté de Montpellier. 2ᵉ édition. Paris, 1864. 1 vol. grand in-18, avec figures dans le texte... 7 fr. 50

ANALYSE CHIMIQUE (Tableaux d'). Ouvrage présentant toutes les opérations de l'analyse qualitative, accompagné de nombreuses observations pratiques, par M. A. NORMANDY. Paris, 1858. 1 vol. in-4, avec figures, relié en toile... 25 fr.

ANNALES DE CHIMIE ET DE PHYSIQUE, par MM. CHEVREUL, DUMAS, PELOUZE, BOUSSINGAULT, RÉGNAULT, WURTZ, avec la collaboration de M. BERTIN. — (Voir aux *Publications périodiques*.)

ANNUAIRE SCIENTIFIQUE, publié depuis 1862, par M. DEHÉRAIN, avec la collaboration de MM. ERNOUF, GUILLEMIN, MAREY, MARGOLLÉ, MENU DE SAINT-MESMIN, RADAU, S. RAYET, E. SAINT-EDME, SCHWOEBLÉ, SIMONIN, TISSANDIER, TRÉLAT, E. VIGNES, WORMS, ZURCHER, formant chaque année un volume in-18, avec figures dans le texte. 8 années publiées. L'année 1870 (neuvième année) est en vente. Chaque vol. est vendu séparément. 3 fr. 50

ARITHMÉTIQUE (**Leçons d'**) à l'usage des classes de troisième et de mathématiques élémentaires, 1ʳᵉ année, par M. A. Tissot, professeur au lycée Saint-Louis. Paris, 1868. 1 vol. petit in-8................... 2 fr. 80

ARITHMÉTIQUE (**Précis d'**), de la collection du Baccalauréat ès sciences, par M. Mauduit, professeur au lycée Saint-Louis. 2ᵉ édition, rédigée conformément aux nouveaux programmes. Paris, 1867. 1 vol. in-18... 1 fr. 20

ARITHMÉTIQUE (**Traité d'**), à l'usage de l'enseignement spécial, par M. C. Roguet, professeur de mathématiques. Paris, 1867. 1 vol. petit in-8. 3 fr.

ASTRONOMIE (**Cours élémentaire d'**), par M. Delaunay, membre de l'Institut. 5ᵉ édition. Paris, 1870. 1 vol. grand in-18, avec 383 figures dans le texte et 3 planches gravées.............................. 7 fr. 50

BACCALAURÉAT ÈS SCIENCES (**Le**). — **Résumé des connaissances** exigées par le programme officiel. 3 vol. grand in-18, avec figures... 25 fr.
— Littérature, Histoire et Géographie, Philosophie, Arithmétique et Algèbre, Géométrie et Trigonométrie, Géométrie descriptive et Cosmographie, Mécanique, Physique, Chimie, Histoire naturelle.
   Chaque partie est vendue séparément. — *Voy.* pour le détail chacun des mots ci-dessus.

CHALEUR CONSIDÉRÉE DANS SES APPLICATIONS (**Traité de la**), par E. Péclet. 3ᵉ édition, entièrement refondue et accompagnée de 650 figures dans le texte. Paris, 1860-1861. 3 vol. grand in-8..... 42 fr.

CHALEUR PRODUITE PAR LES ÊTRES VIVANTS, par M. Gavarret (P. F. P.). Paris, 1855. 1 vol. in-18, avec figures dans le texte....... 6 fr.

CHIMIE ANALYTIQUE (**Traité complet de**), par Henri Rose. Édition française originale. Paris, 1859-1862. 2 vol. grand in-8.......... 24 fr.
   Le premier volume est consacré à la chimie qualitative ; le second à la chimie quantitative ; chacun est vendu séparément............. 12 fr.

CHIMIE GÉNÉRALE ET APPLIQUÉE, à l'usage des établissements d'enseignement spécial, par M. Girardin, recteur de l'académie de Clermont. Paris, 1868-1869. 4 vol. petit in-8, avec figures............... 12 fr. 80
   On peut avoir séparément :
   Première année. 1 vol. petit in-8, 86 figures.................. 1 fr. 80
   Deuxième année. 1 vol. petit in-8, 202 figures................. 3 fr. 50
   Troisième année. 1 vol. petit in-8, 193 figures............... 3 fr. 50
   Quatrième année. 1 vol. petit in-8, 285 figures............... 4 fr. »

CHIMIE ÉLÉMENTAIRE APPLIQUÉE AUX ARTS INDUSTRIELS (**Leçons de**), par M. Girardin, recteur de l'académie de Clermont. 4ᵉ édition (*Entièrement refondue.*)
   L'ouvrage forme 5 volumes, chacun est vendu séparément :

CHIMIE MINÉRALE : **Métalloïdes**. In-8, fig................. 8 fr.
   —   **Métaux**. (*Sous presse*).

CHIMIE ORGANIQUE : **Principes immédiats et produits alimentaires**, matières textiles et matières tinctoriales, matières animales et fonctions organiques.

CHIMIE THÉORIQUE ET PRATIQUÉE (Manuel de), par ODLING. Édition française publiée avec l'autorisation de l'auteur, par M. Edmond WILLM, chef des travaux à la Faculté de médecine. Première partie, Métalloïdes. Paris, 1868. 1 vol. in-8, avec figures dans le texte................ 7 fr.

CHIMIE GÉNÉRALE, ANALYTIQUE, INDUSTRIELLE ET AGRICOLE (Traité de), par PELOUZE et FRÉMY, membres de l'Institut. Paris, 1867. 3e édition, entièrement refondue, avec nombreuses figures dans le texte.
Cette troisième édition comprend sept volumes grand in-8 compactes et une table alphabétique générale formant un volume à part.
Prix de l'ouvrage complet................................... 100 fr.

CHIMIE (Abrégé de), par MM. PELOUZE et FRÉMY, membres de l'Institut. 6e édition, conforme aux nouveaux programmes de l'enseignement scientifique des lycées. Paris, 1869. 3 vol. grand in-18, avec 161 figures intercalées dans le texte..................................... 6 fr.
On peut avoir séparément :
1re partie, Généralités. Métalloïdes. 1 vol. avec 83 figures......... 2 fr.
2e partie, Métaux et Métallurgie. 1 vol. avec 48 figures........... 2 fr.
3e partie, Chimie organique. 1 vol. avec 30 figures............... 2 fr.

CHIMIE (Notions générales de), par PELOUZE et FRÉMY, membres de l'Institut. Paris, 1853. 1 beau volume imprimé avec luxe, accompagné d'un atlas de 24 planches en couleur, cartonné..................... 10 fr.
— *Le même ouvrage*, édition classique, avec 24 planches en noir.... 5 fr.

CHIMIE (Premiers éléments de), par M. REGNAULT, membre de l'Institut. 5e édition. Paris, 1869. 1 vol. grand in-18, avec 142 figures dans le texte .... 5 fr.

CHIMIE (Cours élémentaire de), par M. REGNAULT, membre de l'Institut. 6e édition. Paris, 1868. 4 vol. grand in-18, avec 2 planches en taille-douce et 700 figures dans le texte............................ 20 fr.

CHIMIE (Précis de), de la collection du Baccalauréat ès sciences, par L. TROOST. 3e édition, rédigée conformément aux nouveaux programmes et suivie de quelques notions de chimie organique. Paris, 1870. 1 vol. in-18, avec figures................................... 3 fr.

CHIMIE (Traité élémentaire de), par M. L. TROOST. 3e édition, entièrement refondue. Paris, 1872. 1 vol. petit in-8, avec 421 figures dans le texte... 7 fr.

CHIMIE MÉDICALE (Traité élémentaire de), comprenant quelques notions de toxicologie et les principales applications de la chimie à la physiologie, à la pathologie, à la pharmacie et à l'hygiène, par Ad. WURTZ, membre de l'Institut.
I. Chimie inorganique. 2e édition. Paris, 1868. 1 vol. in-8, avec figures. 8 fr.
II. Chimie organique. Paris, 1868. 2e édition. 1 vol. in-8, avec figures. 8 fr.

CHIMIE MODERNE (Leçons élémentaires de), par Ad. WURTZ, membre de l'Institut. 2e édition, revue et augmentée. 1 vol. in-12, avec 31 figures dans le texte. Paris, 1871..................... 7 fr. 50

CHIMIE HYDROLOGIQUE (Traité de), comprenant des notions générales d'hydrologie, l'analyse des eaux douces et des eaux minérales, par M. J. LEFORT. Paris, 1859. 1 vol. grand in-8, avec figures......... 8 fr.

CHIMIE PHYSIOLOGIQUE ANIMALE (Précis de), par M. J. LEHMANN. Paris, 1855. 1 vol. in-18, avec 26 figures dans le texte............ 2 fr.

CHIMIE APPLIQUÉE A LA PHYSIOLOGIE ET A LA THÉRAPEUTIQUE, par M. MIALHE (M. A. M.). Paris, 1856. 1 vol. in-8....... 9 fr.

CHIMIE APPLIQUÉE A LA PHYSIOLOGIE ANIMALE, A LA PATHOLOGIE ET AU DIAGNOSTIC MÉDICAL, par M. P. SCHUTZENBERGER. Paris, 1864. 1 vol. in-8.................................... 6 fr.

CHIMIE ORGANIQUE (Traité de), par J. LIEBIG. Édition française, revue et considérablement augmentée par l'auteur, et publiée par Ch. GERHARDT. Paris, 1841-1844. 3 vol. in-8................................ 25 fr.

COLORANTES (Traité des matières), comprenant leurs applications à la teinture et à l'impression, par P. SCHUTZENBERGER; publié sous les auspices de la Société industrielle de Mulhouse, et avec le concours du Comité de chimie. Paris, 1867. 2 vol. in-8, avec fig. et échantillons. 19 fr.

COMPTABILITÉ (Cours complet de), à l'usage des établissements d'enseignement, par M. BARRÉ, professeur à l'École supérieure de commerce et au collége Chaptal. 1re et 2e année. 1 vol. petit in-8........ 3 fr. 50
Le cours complet comprendra 4 années. -- Chaque année est vendue séparément.

CONSERVATION DE LA FORCE, par HELMHOLTZ, précédé d'un exposé élémentaire de la réciprocité des forces ; traduit avec le concours de l'auteur, par M. Louis PÉRARD, professeur à l'Université de Liége. Paris, 1869. 1 vol. petit in-8.. 3 fr. 50

COSMOGRAPHIE (Précis de), de la collection du Baccalauréat ès sciences, par M. A. TISSOT, professeur au lycée Saint-Louis. 2e édition, conforme aux nouveaux programmes. Paris, 1868. 1 vol. in-18, avec figures dans le texte... 2 fr. 40

COSMOGRAPHIE (Leçons de), par M. H. VIGUIER, professeur au lycée de Montpellier. Paris, 1859. 1 vol. in-18, avec planches............ 3 fr.

COSMOGRAPHIE (Principes de), par M. GUIRAUDET, doyen à la Faculté des sciences de Lille. Troisième année. 1 vol. petit in-8, avec 101 figures dans le texte. Paris, 1870.............................. 2 fr. 20

COULEURS (Chimie des), pour la peinture à l'eau et à l'huile, comprenant l'historique, les propriétés physiques et chimiques, la préparation, la falsification, l'action toxique, et l'emploi des couleurs anciennes et nouvelles, par M. J. LEFORT. Paris, 1855. 1 vol. grand in-18.......... 4 fr.

ÉLECTRICITÉ (Traité d'), par M. GAVARRET (P. F. P.). Paris, 1857-1858. 2 vol. in-18, avec 448 figures.................................. 16 fr.

ÉLECTRICITÉ CONSIDÉRÉE AU POINT DE VUE MÉCANIQUE (Recherches théoriques et expérimentales sur l'), par M. MARIÉ-DAVY, astronome à l'Observatoire de Paris. Paris, 1862, fascicules 1 et 2. Prix de chaque fascicule............................ 3 fr.

ÉTUDES BIOGRAPHIQUES pour servir à l'histoire des sciences, par
M. P. A. CAP. 2e série: Chimistes, Naturalistes, Médecins et Pharmaciens.
Paris, 1864. 1 vol. grand in-18.............................. 3 fr.

GAZOMÉTRIQUES (Méthodes), par le professeur Robert BUNSEN ; traduit
de l'allemand, avec le concours de l'auteur, par M. Th. SCHNEIDER. Paris,
1858. 1 vol. in-8, avec 60 figures dans le texte................... 5 fr.

GÉOGRAPHIE (Précis de), par E. LEVASSEUR. Extrait du Baccalauréat
ès sciences. Paris, 1865. 1 vol. in-18...................... 1 fr. 75

GÉOMÉTRIE (Précis de), de la collection du Baccalauréat ès sciences, par
M. M. T. VACQUANT, professeur au lycée Saint-Louis. 3e édition, rédigée conformément aux nouveaux programmes. Paris, 187'. 1 vol. in-18, avec
fig... .... 2 fr. 60

GÉOMÉTRIE DESCRIPTIVE (Précis de), de la collection du Baccalauréat
ès sciences, par M. A. TISSOT, professeur au lycée Saint-Louis. 2e édition,
conforme aux nouveaux programmes. 1 vol. in-18, avec 96 figures dans le
texte........ .... 1 fr.

GÉOMÉTRIE PLANE (Leçons élémentaires de), par M. Ch. ROGUET.
Ouvrage rédigé conformément aux programmes de l'enseignement spécial
pour l'*année préparatoire*. Paris, 1868. 1 vol. petit in-8, avec 80 fig. 1 fr.

GÉOMÉTRIE (Traité de), comprenant les applications aux arts et à l'industrie; ouvrage rédigé conformément aux programmes de l'enseignement
spécial, par M. C. ROGUET.

1re année.— **Géométrie plane.** 1 vol. petit in-8, avec 326 figures. 4 fr.
2e année. — **Géométrie dans l'espace.** 1 vol. petit in-8, avec 281 fig. 4 fr.
3e année. — **Géométrie descriptive.** 1 vol. petit in-8, avec 16 planches.
3 fr. 50

GRAVURE HÉLIOGRAPHIQUE (Traité pratique de) sur acier et sur
verre, par NIEPCE DE SAINT-VICTOR, avec un portrait de l'auteur gravé par
ses procédés. Paris, 1856, petit in-4............................. 5 fr.

HAUTES ÉTUDES (Bibliothèque de l'École des), publiée sous les
auspices du ministère de l'Instruction publique, section des sciences physiques et chimiques. (Voyez *Publications périodiques.*)

HISTOIRE DE FRANCE (Précis d'), par E. LEVASSEUR. Extrait du Baccalauréat ès sciences. Paris, 1865. 1 vol. in-18, avec fig. et cartes. 3 fr. 50

HOUILLE DANS LE ROYAUME D'ITALIE (De la). Mémoire sur de nouvelles conséquences géologiques et industrielles, par MONTAGNA; traduction
faite par L. AUVERMAN. 1 vol. in-8, avec 9 planches.............. 5 fr.

HYDROTIMÉTRIE. Nouvelle méthode pour déterminer les proportions des
matières en dissolution dans les eaux de sources et de rivières, par
MM. BOUTRON et F. BOUDET (M. A. M.). 4e édit. Paris, 1866, grand in-8. 3 fr.

IMPRESSION DES TISSUS (Traité théorique et pratique de l'), par
M. PERSOZ, professeur au Conservatoire des arts et métiers. Paris, 1846.
4 beaux vol. in-8, avec 165 figures et 429 échantillons d'étoffes intercalés
dans le texte, et accompagnés d'un atlas de 10 planches in-4 gravées en
taille-douce, dont 4 sont coloriées. Ouvrage auquel la Société d'encoura-
gement a accordé une médaille de 3,000 francs. — Prix.......... 70 fr.

INDUSTRIE MODERNE (**De l'**), par VERDEIL. 1861. 1 vol. in-8. 7 fr. 50

LITTÉRATURE (**Précis de**), par O. GRÉARD. Extrait du Baccalauréat ès sciences. 1 vol. in-18.. 1 fr. 25

MÉCANIQUE (**Précis de**), de la collection du Baccalauréat ès sciences, par M. BURAT, professeur au lycée Saint-Louis. 2e édition, conforme aux récents programmes. In-18, 227 pages, 200 figures...................... 3 fr.

MÉCANIQUE (**Cours élémentaire de**), par M. DELAUNAY, membre de l'Institut. 7e édit. Paris, 1870. 1 vol. in-18, av. 551 fig. dans le texte. 8 fr.

MÉCANIQUE RATIONNELLE (**Traité de**), contenant les éléments de mécanique exigés pour l'admission à l'École po'ytechnique, et toute la partie théorique du cours de mécanique et machines de cette École, par M. DELAUNAY. 4e édition. Paris, 1866. 1 vol. in-8, avec 127 figures dans le texte. 8 fr.

MÉCANIQUE (**Cours de**) théorique et appliquée, à l'usage des établissements d'enseignement spécial, des Écoles d'arts et métiers et des industriels, par MM. FUSTEGUERAS et HERGOT, préparateurs à l'École normale spéciale de Cluny. 4e année de l'enseignement. Paris, 1869. 1 vol. petit in-8, avec 112 figures dans le texte.... .... 3 fr. 20

MÉCANIQUE (**Cours de**) pure et appliquée, professé à l'École normale spéciale de Cluny, par Ch. VIRY. Paris, 1870. 4 vol. in-4, avec fig. 30 fr.
Prix de chaque volume séparément........................ 10 fr.

MÉCANIQUE EXPÉRIMENTALE ET DE MÉCANIQUE APPLIQUÉE (**Principes de**), à l'usage des établissements d'enseignement spécial, par M. GUIRAUDET, doyen de la Faculté des sciences de Lille. Paris, 1868. 1 vol. petit in-8.

1re partie (3e *année de l'enseignement*). 1 vol. petit in-8, avec 176 fig. 2 fr. 80

2e partie (4e *année*). 1 vol. petit in-8, avec 90 figures........... 2 fr. 80

MÉTÉOROLOGIE. Les mouvements de l'atmosphère et des mers, considérés au point de vue de la prévision du temps, par M. MARIÉ-DAVY, astronome à l'Observatoire de Paris. Paris, 1866. 1 vol. grand in-8, avec figures et 24 cartes coloriées.. 10 fr.

MUSIQUE (**Théorie physiologique de la**), par M. HELMHOLTZ. — Voyez p. 18.

OPTIQUE PHYSIOLOGIQUE, par M. HELMHOLTZ. — Voyez p. 19.

PHÉNOMÈNES PHYSIQUES DE LA VIE, par M. GAVARRET, professeur à la Faculté de médecine (M. A. M.). Paris, 1869. 1 vol. in-18..... 4 fr.

PHÉNOMÈNES PHYSIQUES DES CORPS VIVANTS (**Leçons sur les**), par MATTEUCCI. Paris, 1847. 1 vol. grand in-18, avec 18 figures.. 3 fr. 50

PHILOSOPHIE (**Précis de**), de la collection du Baccalauréat ès sciences, par M. BRISBARRE. Paris, 1865. 1 vol. in-18................ 1 fr. 50

PHOTOGRAPHIE (**Traité général de**), par D. V. MONCKHOVEN. 5e édition refondue et comprenant un chapitre spécial sur les agrandissements photographiques. Paris, 1865. 1 vol. grand in-8, avec 277 figures dans le texte............... .... 10 fr.

PHOTOGRAPHIQUE (**Traité d'optique**), comprenant la description des objectifs et appareils d'agrandissement, par M. Van MONCKHOVEN. Paris, 1866. 1 vol. in-12, avec 85 figures dans le texte et 5 planches...... 4 fr.

PHYSIQUE (**Précis de**), de la collection du Baccalauréat ès sciences, par M. FERNET, professeur au lycée Saint-Louis. 3e édition, rédigée conformément aux nouveaux programmes. Paris, 1870. 1 vol. in-18, avec figures dans le texte................................. .... 3 fr.

PHYSIQUE ÉLÉMENTAIRE (**Traité de**), suivi de prob'èmes, par MM. Ch. DRION et Em. FERNET. 4e édition entièrement refondue, par M. FERNET. 1 vol. petit in-8, avec 685 figures dans le texte. Paris, 1872 ...... 8 fr.

PHYSIQUE (**Leçons de**), rédigées conformément aux nouveaux programmes pour l'enseignement spécial, par M. VACCA, professeur au lycée de Metz.

    Première année. 1 vol. petit in-8, avec 198 figures .... 2 fr. 20
    Deuxième année. 1 vol. petit in-8, avec 278 figures......... 3 fr. 50

PHYSIQUE (**Précis élémentaire de**), par SOUBEIRAN. 2e édition augmentée. Paris, 1844. 1 vol. in-8, avec 13 planches in-4 .... 5 fr.

PHYSIQUE MÉDICALE, par M. A. GAVARRET. (Voyez *Médecine*, p. 21.)

SPHÉROÏDAL (**Études sur les corps à l'état**), nouvelle branche de physique, par M. BOUTIGNY (d'Évreux). 3e édition. Paris, 1857. 1 vol. in-8, avec 26 figures....................................... 7 fr.

TÉLÉGRAPHIE ÉLECTRIQUE, par M. GAVARRET. Paris, 1861. 1 vol. in-18, avec 100 figures dans le texte .... 5 fr.

TRIGONOMÉTRIE (**Précis de**), de la collection du Baccalauréat ès sciences, par M. VACQUANT, professeur au lycée Saint-Louis. 2e édition, conforme aux nouveaux programmes. Paris, 1868. 1 vol. in-18..... 1 fr. 20

VERDET (**Œuvres d'E.**), publiées par les soins de ses élèves. 8 volumes gr. in-8 raisin, avec figures dans le texte, et imprimés avec luxe par l'Imprimerie nationale.

Prix pour les souscripteurs à l'ouvrage complet.................... 75 fr.
On peut avoir séparément :

TOME I. **Introduction**, par M. DE LA RIVE, mémoires originaux.. 12 fr.

TOMES II et III. **Cours de physique** professé à l'École polytechnique, publié par M. E. FERNET, répétiteur à l'École polytechnique. 2 vol. grand in-8, avec figures dans le texte............................. 24 fr.

TOME IV. **Conférences de physique** faites à l'École normale, publiées par M. A. GERNEZ, ancien élève de l'École normale. 1 vol. in-8, publié en deux parties, avec fig. dans le texte....................... 18 fr.

TOMES V et VI. **Leçons d'optique physique**, publiées par M. LEVISTAL, ancien élève de l'École normale. 2 vol. in-8, avec fig. dans le texte. 24 fr.

TOMES VII et VIII. **Théorie mécanique de la chaleur**, publiée par MM. A. PRUDHON et VIOLLE, anciens élèves de l'École normale. 2 vol. grand in-8, avec figures dans le texte............................. 24 fr.

AGRICULTURE — HORTICULTURE

ÉCONOMIE RURALE

AGRICULTURE (**Journal de l'**), par M. J.-A. BARRAL.
(Voir aux *Publications périodiques*.)

AGRICULTURE A L'EXPOSITION UNIVERSELLE DE LONDRES EN
1862 (**L'**), par A. JOURDIER. Paris, 1863. 1 vol. in-18............ 1 fr.

AGRICULTURE DU NORD DE LA FRANCE (**Études sur l'**), par
J.-A. BARRAL. 2 vol. in-8, avec planches et figures dans le texte. Paris,
1870.. 25 fr.

AGRICULTURE (**Catéchisme de l'**), par MM. BAUDRY et JOURDIER. 2ᵉ édition, revue et corrigée. Paris, 1867. 1 vol. in-18, avec 89 figures.. 1 fr.

AGRICULTURE (**Le nouveau Théâtre d'**), ou Description raisonnée des
travaux nécessaires à la culture des terres, accompagnée d'une étude
comparative des auteurs latins qui ont écrit sur l'agriculture, par
M. H. DAUDIN. Paris, 1864. 1 vol. in-8...................... 7 fr. 50

AGRICULTURE (**Traité élémentaire d'**), par MM. GIRARDIN et DU
BREUIL. 2ᵉ édition. Paris, 1863. 2 vol. in-18, avec 955 figures dans le
texte... 16 fr.

ALMANACH de l'Agriculture, publié chaque année par J.-A. BARRAL. 50 c.

AMIDON DU MARRON D'INDE (**De l'**), et des fécules amylacées d'autres
substances végétales non alimentaires, au point de vue économique, chimique, agricole et technique, par MM. A. THIBERGE et REMILLY. 2ᵉ édition.
Paris, 1857. 1 vol. in-18, avec planches gravées................ 1 fr.

AMPÉLOGRAPHIE FRANÇAISE OU TRAITÉ DE LA VIGNE, compre-
nant la statistique, la description des meilleurs cépages, l'analyse chimique
du sol, et les procédés de culture et de vinification des principaux vignobles
de la France, par Victor RENDU, inspecteur général de l'agriculture. Paris,
1857. 1 vol. de texte in-folio, et un atlas de 70 planches magnifiquement
coloriées.. 200 fr.

— *Le même ouvrage*, le texte seul, 1 beau vol. grand in-8, avec une
carte... 6 fr.

ANIMAUX DOMESTIQUES (Études sur les), par le comte GUY DE CHARNACÉ. — Amélioration des races. — Consanguinité. — Haras. Paris, 1864. 1 vol. grand in-18 .... 3 fr. 50

ARBORICULTURE DES INGÉNIEURS (Manuel d'). Plantations d'alignement forestières et d'ornement, boisement des dunes, des talus, haies vives, des parcelles excédantes des chemins de fer, par M. A. DU BREUIL. 2ᵉ édition. Paris, 1865. 1 vol. in-18, avec 234 fig. dans le texte.... 3 fr. 50

ARBRES ET ARBRISSEAUX (à fruits de table), par M. A. DU BREUIL. 6ᵉ édition du Cours d'arboriculture. Paris, 1868. 1 vol. in-18, avec 573 figures intercalées dans le texte, et planches gravées............... 8 fr.

ARBRES FRUITIERS (Instruction élémentaire sur la conduite des). Greffe, — taille, — restauration des arbres mal taillés ou épuisés par la vieillesse. — Culture, — récolte et conservation des fruits, par M. A. DU BREUIL. 8ᵉ édition. Paris, 1871. 1 vol. in-18, avec 191 figures.. 2 fr. 50

BORDEAUX ET SES VINS classés par ordre de mérite, par M. Ed. FÉRET. 2ᵉ édition. 1 vol. in-18, orné de 73 vignettes.................... 4 fr.

BOTANIQUE (Cours élémentaire de), appliquée à l'agriculture, par le professeur Charles CAVE. Paris, 1870. 1 vol. in-18.............. 1 fr.

CATÉCHISME D'AGRICULTURE. — Voyez *Agriculture*.

CAZALIS-ALLUT (Œuvres agricoles de), publiées par son fils le Dʳ F. CAZALIS, et précédées d'une notice biographique par M. MAS. Paris, 1865. 1 vol. in-8, avec portrait....................................... 6 fr.

CHAMPIGNONS COMESTIBLES ET VÉNÉNEUX (Atlas des), représentant les cent espèces ou variétés les plus répandues, avec un texte explicatif contenant la description détaillée des cent espèces, l'indication des lieux où elles croissent, leurs qualités alimentaires ou nuisibles, par J. ROQUES. Extrait de la 2ᵉ édition. Paris, 1864. 1 atlas grand in-4 de 24 planches coloriées....................................... 15 fr.
     Voyez *Végétaux dangereux*.

CHASSELAS A THOMERY (Culture du), par ROSE-CHARMEUX. Paris, 1862. 1 vol. in-18, avec 41 figures.................................... 2 fr.

CHEVAL (Lettres sur les substances alimentaires, et particulièrement sur la viande du), par Isidore GEOFFROY-SAINT-HILAIRE. Paris, 1856. 1 vol. grand in-18........................ 1 fr.

CONSEILS A LA JEUNE FERMIÈRE, par P. JOIGNEAUX. 2ᵉ édition. Paris, 1861. 1 vol. grand in-18, avec figures dans le texte. .... 1 fr.

DANEMARK, LE HOLSTEIN ET LE SLESWIG (Études économiques sur le), par M. Eugène TISSERAND, directeur des domaines nationaux de l'État. Paris, 1865. 1 vol. in-4, accompagné de 3 cartes et 10 pl. lithogr. 10 fr.

ENGRAIS CHIMIQUES (Les), au point de vue des intérêts agricoles. — Réponse aux Conférences de Vincennes. — Examen des résultats obtenus, par M. ROHART, chimiste-manufacturier. Paris, 1869. 1 vol. in-18.. 3 fr.

ENGRAIS COMMERCIAUX (Simples notions sur l'achat et l'emploi des), par M. Bobierre, directeur de l'École préparatoire de Nantes. Paris, 1869. 1 vol. petit in-18, avec 2 planches en couleur et figures dans le texte.. 2 fr.

FERMENTATION (Traité théorique et pratique de la), considérée dans ses rapports généraux avec les sources naturelles et l'industrie, par M. Basset. Paris, 1858. 1 vol. grand in-18................ 3 fr. 50

FRUITS A CULTIVER (Les), leur description, leur culture, par M. F. J. Jamin. 1 vol. in-18.. 1 fr. 50

FUMIERS ET AUTRES ENGRAIS ANIMAUX (Des), par M. Girardin, recteur de l'académie de Clermont. 7e édition, revue, corrigée et augmentée (*sous presse*).

GARANCE (Essai sur la), par Sacc. Paris, 1861. 1 broch. in-8. 3 fr. 50

GRAINES (Traité des) de la grande et de la petite culture, par M. P. Joigneaux. Paris, 1867. 1 vol. in-18, avec figures................. 3 fr.

GREFFER (L'art de), par M. Ch. Baltet. Paris, 1868. 1 vol. grand in-18, avec 113 figures dans le texte................................. 3 fr.

HORTICULTURE EN BELGIQUE (L'), son enseignement, ses institutions, son organisation officielle, par M. Ch. Baltet. Paris, 1865. 1 vol. in-4, avec 7 planches.. 10 fr.

HYGIÈNE DES ANIMAUX DOMESTIQUES, chevaux, moutons, bœufs, porcs, par André Sanson. Paris, 1870. 1 vol. petit in-8. 4 fr.

INSECTES. De la nécessité de protéger les animaux utiles pour prévenir naturellement les dégâts causés par les souris et les insectes, par M. Gloger. Paris, 1863. Brochure in-18.. 80 c.

INSECTES NUISIBLES AUX FORÊTS ET AUX ARBRES D'AVENUE (Les), par M. le colonel C. Goureau. Paris, 1867. 1 vol. in-8..... 5 fr.

INSECTES NUISIBLES A L'HOMME, AUX ANIMAUX ET A L'ÉCONOMIE DOMESTIQUE (Les), par M. Goureau. Paris, 1866, in-8... 4 fr.

INSECTES NUISIBLES AUX ARBRES FRUITIERS, AUX PLANTES POTAGÈRES, AUX CÉRÉALES ET AUX PLANTES FOURRAGÈRES (Les), par M. C. Goureau. Paris, 1862. 1 vol. in-8.............. 5 fr.

INSECTES DU PIN MARITIME (Histoire des), par Ed. Perris. T. Ier, Coléoptères. — Paris, 1863. 1 vol. in-8, avec 12 pl........ 25 fr.

JOURNAL de la Ferme et des Maisons de campagne, revue complémentaire du *Livre de la Ferme*, publié du 1er janvier 1865 au 31 décembre 1866. 4 beaux volumes grand in-8, avec nombreuses illustrations, par MM. Joigneaux, André, Baltet, Fischer, Koltz, Pons-Tande, etc., etc. — Prix des 4 volumes.. 48 fr.

LE LIVRE de la Ferme et des Maisons de campagne, publié sous la direction de M. P. Joigneaux, par une réunion d'agronomes. 2e édition. 2 vol. grand in-8 jésus, de 2,160 pages, imprimés sur deux colonnes avec 1,720 figures intercalées dans le texte............. 32 fr.

PIN MARITIME (Mise en valeur des terres pauvres par le), culture et exploitation de cette essence en Gascogne et en Sologne, par M. BOITEL, inspecteur général de l'agriculture. 2ᵉ édit. Paris, 1857. 1 vol. grand in-8, avec une planche et vignettes..................... 3 fr.

PISCICULTURE PRATIQUE (Traité de), ou Des Procédés de multiplication et d'incubation naturelle ou artificielle des poissons d'eau douce, par M. KOLTZ. 3ᵉ édition. Paris, 1866. 1 vol. in-18, avec de nombreuses figures....................... 2 fr. 50

POIRIER (Culture du), comprenant la plantation, la taille, la mise à fruit et la description des cent meilleures poires, par M. Ch. BALTET. 4ᵉ édition. Paris, 1867. In-18, avec figures..... .... 1 fr.

PRAIRIES IRRIGUÉES (De la création des), principes économiques et techniques, suivis d'un appendice sur le drainage et l'irrigation par le drainage, par le professeur DUNCKELBERG, de Wiesbaden. Traduit de l'allemand par M. COCHARD. Paris, 1869. 1 vol. grand in-8, avec figures dans le texte et cartes coloriées................... .... 5 fr.

QUESTIONS industrielles, questions sociales, considérations sur l'état présent et l'avenir des classes ouvrières en France, par le Dʳ A. JOIRE. Paris, 1870. 1 vol. in-18........................... 3 fr.

RUSSIE (Un mois en). Notes de voyage d'un membre du Jury à l'Exposition internationale d'horticulture de Saint-Pétersbourg, par Ed. ANDRÉ. Paris, 1870. 1 vol. in-18, avec figures..................... 3 fr. 50

TRILOGIE AGRICOLE. — Force et faiblesse de l'agriculture française. — Services rendus par la chimie à l'agriculture, les engrais chimiques et le fumier de ferme, par M. J.-A. BARRAL. Paris, 1867. 1 vol. in-18. 3 fr. 50

VÉGÉTAUX DANGEREUX (Notions sanitaires sur les), par M. Achille COMTE. 3 planches de près d'un mètre carré chacune, et contenant environ 100 figures coloriées avec soin. Pl. I, Champignons comestibles; pl. II, Champignons dangereux; pl. III, Plantes vénéneuses avec un cahier de texte explicatif in-4°................. .... 15 fr.

VEILLÉES DE LA FERME DU TOURNE-BRIDE (Les), ou Entretiens sur l'agriculture, l'exploitation des produits agricoles et l'arboriculture, par P. J. DE VARENNES (P. JOIGNEAUX). 2ᵉ édition. Paris, 1868. 1 vol. in-12, avec figures dans le texte.......................... 1 fr.

VER A SOIE (Nouvelles recherches faites en 1859 sur les maladies actuelles du), par A. DE QUATREFAGES, membre de l'Institut. Paris, 1860. 1 vol. in-4............................ 3 fr. 50

VER A SOIE (Études sur les maladies actuelles du), par A. DE QUATREFAGES, membre de l'Institut. Paris, 1859. 1 vol. in-4, avec 6 planches imprimées en couleur et retouchées au pinceau........... 16 fr.

VERGER (Le), Publication périodique d'arboriculture et de pomologie, par M. MAS. (Voir aux *Publications périodiques*.)

VIE RURALE (Lettres sur la), par M. Victor DE TRACY. 2ᵉ édition. Paris, 1861. 1 vol. in-18.............................. 1 fr.

VIGNE (Nouveau procédé de culture de la), par J. Persoz, professeur au Conservatoire des arts et métiers. Paris, 1849. Brochure grand in-8, avec deux p'anches in-4.......................... 1 fr. 50

VIGNE EN FRANCE (La), et spécialement dans le Sud-Ouest, par M. R. Dejernon. Paris, 1867. 1 vol. in-8........................ 5 fr.

VIGNOBLE (Culture perfectionnée et moins coûteuse du), par M. A. Du Breuil. Paris, 1863. 1 vol. in-18, avec 144 figures. 3 fr. 50

VIGNOBLES DE FRANCE (Études des), pour servir à l'enseignement mutuel de la viticulture et de la vinification françaises, par le Dr Jules Guyot. Paris, 1869. 3 vol. grand in-8, avec 974 figures dans le texte. 30 fr.

VINAIGRE (Études sur le), sa fabrication, ses maladies, moyen de les prévenir, nouvelles observations sur la conservation des vins par la chaleur, par L. Pasteur, membre de l'Institut. Paris, 1868. 1 vol. in-8. 4 fr.

VINS (Indications théoriques et pratiques sur le travail des), et en particulier des vins mousseux, par E. J. Maumené. Paris, 1858. 1 vol· grand in-8, avec 100 figures dans le texte.................... 12 fr.

VINS (Notice sur le vinage des), en franchise des droits sur l'alcool qui lui est consacré, par M. Thénard, membre de l'Institut. Paris, 1864. Br. grand in-8.. 1 fr. 50

ZOOTECHNIE GÉNÉRALE. Reproduction, amélioration, élevage des animaux domestiques, par A. de Weckherlin; traduit de l'allemand par M. Verheyen. Paris, 1857. 1 vol. grand in-18.................. 2 fr.

PUBLICATIONS PÉRIODIQUES.

Annales de chimie, par MM. Guyton de Morveau, Lavoisier, Monge, Berthollet, Fourcroy, etc. Paris, 1789 à 1815 inclusivement, 96 volumes in-8, figures, et 3 vol. de tables.

    Les collections complètes de cette première série sont rares.

    Les 3 volumes de tables séparément............................ 24 fr.

Annales de chimie et de physique, II$_e$ série, par MM. Gay-Lussac et Arago. Paris, 1816 à 1840, 25 années, formant avec les tables 78 vol. in-8, accompagnés d'un grand nombre de planches gravées...... 400 fr.

— Table générale raisonnée des matières comprises dans les tomes I à LXXV (1816 à 1840). 3 vol. in-8, pris séparément...................:......... 20 fr.

Annales de chimie et de physique, IIIe série, commencée en 1841, rédigée par MM. Chevreul, Dumas, Pelouze, Boussingault, Regnault et de Sénarmont, avec une revue des travaux de chimie et de physique publiés à l'étranger par MM. Wurtz et Verdet. Paris, 1841 à 1863, 23 années en 69 vol., avec figures dans le texte et planches gravées....... 690 fr.

— Table générale raisonnée des matières contenues dans les tomes I à XXX de la IIIe série. Paris, 1851, 1 vol. in-8.......................... 5 fr.

— Table analytique dés tomes XXXI à LXIX (1851 à 1863). Paris, 1866, 1 vol. in-8.. 10 fr.

Annales de chimie et de physique, IVe série, commencée en 1864, par MM. Chevreul, Dumas, Pelouze, Boussingault, Regnault, avec la collaboration de M. Wurtz.

Il paraît chaque année 12 cahiers qui forment 3 volumes et sont accompagnés de planches en taille-douce et de figures intercalées dans le texte.

    Prix   { Pour Paris...................................... 30 fr.

de l'année : } Pour les départements (*par la poste*)............. 34 fr.

Annales de dermatologie et de syphiligraphie, publiées par le Dr Doyon, médecin-inspect. des eaux d'Uriage. Troisième année. Avec le concours des principaux dermatologistes et syphiligraphes de la France et de l'étranger.

Paraît tous les deux mois par cahiers in 8º. Chaque année un volume d'environ 600 pages. — Un an : Paris, 10 francs. — Province, 12 francs.

Annales des sciences naturelles. Ire série, 1824 à 1833 inclusivement, publiée par MM. AUDOUIN, AD. BRONGNIART et DUMAS. 30 vol. in-8, 600 planches environ...................................... 300 fr.

Toutes les années séparément (*moins* 1830)....................... 30 fr.

— Table générale des matières des 30 vol. qui composent cette série. Paris, 1841, 1 vol. in-8.. 8 fr.

Annales des sciences naturelles, comprenant la zoologie, la botanique, l'anatomie et la physiologie comparées des deux règnes et l'histoire des corps organisés fossiles.

— IIe SÉRIE (1834 à 1843), rédigée, pour la zoologie, par MM. AUDOUIN et MILNE-EDWARDS; pour la botanique, par MM. AD. BRONGNIART, GUILLEMIN et DECAISNE.

— IIIe SÉRIE (1844 à 1853), rédigée, pour la zoologie, par M. MILNE-EDWARDS, et pour la botanique, par MM. AD. BRONGNIART et DECAISNE.

— IVe SÉRIE (1854 à 1863), rédigée, pour la zoologie, par M. MILNE-EDWARDS, et pour la botanique, par MM. AD. BRONGNIART et DECAISNE.

Chacune des IIe, IIIe et IVe séries comprend 20 volumes pour la ZOOLOGIE, et 20 volumes pour la BOTANIQUE.

Prix des 20 volumes de l'une ou de l'autre série, format grand in-8, avec 350 planches environ.................................... 200 fr.

Quelques-unes des années peuvent être vendues séparément.

Prix des deux volumes..................................... 25 fr.

Annales des sciences naturelles, V^e série commençant le 1er janvier 1864.

— ZOOLOGIE ET PALÉONTOLOGIE, comprenant l'Anatomie, la Physiologie, la Classification et l'Histoire naturelle des animaux; publiées sous la direction de M. MILNE-EDWARDS.

Il est publié chaque année 2 volumes gr. in-8, avec 35 planches environ.

Prix de l'abonnement { Paris............. 25 fr. / Départements.... 26 fr.

— BOTANIQUE, comprenant l'Anatomie, la Physiologie, la Classification et l'Histoire naturelle des végétaux; publiée sous la direction de MM. AD. BRONGNIART et J. DECAISNE.

Il est publié chaque année 2 volumes gr. in-8, avec 35 planches environ.

Prix de l'abonnement { Paris............. 25 fr. / Départements.... 26 fr.

— Dans cette V^e série des *Annales des sciences naturelles*, la ZOOLOGIE et la BOTANIQUE forment chacune une publication distincte. Chaque partie est l'objet d'un abonnement séparé, indépendant de l'abonnement à l'autre partie.

Annales des sciences géologiques, dirigées, pour la partie géologique, par M. Hébert, et, pour la partie paléontologique, par M. Alph. Milne-Edwards, paraissant depuis 1870. — Il est publié chaque année un volume grand in-8, avec les planches et les figures dans le texte correspondant aux mémoires. Le volume paraît en 4 fascicules. — Prix de l'abonnement annuel.. 15 fr.
— Il est accepté des abonnements aux *Annales des sciences naturelles* et aux *Annales des sciences géologiques* (en tout 5 volumes annuellement), au prix de 60 francs, au lieu de 65 fr.

Annales médico-psychologiques, journal de l'Anatomie, de la Physiologie et de la Pathologie du système nerveux, destiné particulièrement à recueillir tous les documents relatifs à la science des rapports du physique et du moral, à l'aliénation mentale et à la médecine légale des aliénés ; publiées par MM. les docteurs Baillarger, médecin des aliénés à l'hospice de la Salpêtrière, Cerise et Longet.

Ire série, de 1843 à 1848, 12 volumes in-8, avec planches..... 120 fr.
IIe série, de 1849 à 1854, par MM. Baillarger, Brière de Boismont et Cerise. 6 vol. in-8.. 72 fr.
IIIe série, de 1855 à 1862, journal destiné à recueillir tous les documents relatifs à l'aliénation mentale, aux névroses et à la médecine légale des aliénés, par MM. Baillarger, Moreau (de Tours) et Cerise. 8 vol. in-8. 96 fr.
IVe série, de 1863 à 1868 ; 12 volumes in-8............. .... 120 fr.
Table générale et alphabétique des 24 premières années 1843 à 1866. 1 vol. in-8 de 192 pages... 5 fr.
V^e série, commençant en 1869, paraissant par cahiers bi-mensuels formant chaque année 2 vol. in-8, par MM. Baillarger, Cerise et Lunier.
Paris.. 20 fr.
Départements .... 23 fr.

Archives de physiologie normale et pathologique, fondées en 1868, dirigées par MM. Brown-Séquard, Charcot et Vulpian, paraissant tous les deux mois par fascicules, grand in-8 cavalier, avec planches.
Prix de l'abonnement annuel : Paris, 20 fr., et les départements. 22 fr.

BIBLIOTHÈQUE DE L'ÉCOLE DES HAUTES ÉTUDES, publiée sous le patronage du ministère de l'Instruction publique :
Section des sciences naturelles. — Il paraît annuellement deux volumes grand in-8, avec planches hors texte.
3 volumes ont paru de la partie des Sciences naturelles.
Section des sciences physiques et chimiques. — Il paraît annuellement 1 volume grand in-8, avec planches et figures dans le texte.
Chacun des volumes est publié en 4 fascicules.

Abonnement aux 3 volumes................................... 75 fr.
    —   aux *Sciences naturelles* seules................... 70 fr.
    —   aux *Sciences physiques et chimiques*............. 15 fr.

Bulletin mensuel de la Société zoologique d'Acclimatation, fondée le 10 février 1854. IIe série, commencée en 1864.

Il paraît chaque année 12 cahiers formant un volume grand in-8 de 700 pages. Paris.......... 12 fr. | Départements........ 11 fr.

Bulletin de le Société d'anthropologie de Paris, comprenant les procès-verbaux des séances, des notices, rapports, etc.

Il paraît chaque année, depuis 1860, 4 fascicules formant 1 vol. in-8. Paris.................. 7 fr. 50 | Départements.............., 8 fr.

(*Voy.* page 13, **Mémoires de la Société d'anthropologie.**)

Bulletin de la Société de chirurgie de Paris.

Ire série, 1851 à 1860. 10 volumes in-8........................... 70 fr.

IIe série, commencée en 1861. Le tome X correspond à l'année 1870.

Paris.................. 7 fr. | Départements.............. 8 fr.

(*Voy.* page 14, **Mémoires de la Société de chirurgie.**)

Gazette hebdomadaire de médecine et de chirurgie. Rédacteur en chef : le docteur A. DECHAMBRE. IIe série, commencée en 1864.

La GAZETTE HEBDOMADAIRE, publiée dans le format in-4, paraît, depuis le 1er octobre 1853, le vendredi de chaque semaine. Elle contient régulièrement, par numéro, 32 colonnes. Au bout de l'année, elle forme un beau tome de plus de 950 pages, avec figures.

Prix de l'abonnement : Paris et départements.

Un an, 24 francs. — Six mois, 13 francs. — Trois mois, 7 francs.

Prix de chaque volume, comprenant les 52 numéros de l'année, avec titre et table alphabétique, broché, 25 fr.; avec une demi-reliure maroquin, 30 fr.

Pour la Ire série, voir page 16.

Journal de médecine mentale, résumant au point de vue médico-psychologique, hygiénique et légal toutes les questions relatives à la folie, aux névroses et aux défectuosités intellectuelles et morales, publié avec le concours des principaux aliénistes ; par M. le docteur DELASIAUVE.

Le *Journal de médecine mentale* paraît mensuellement depuis 1861. Il forme chaque année 1 volume in-8. 10 volumes sont en vente.

Prix pour la France, 5 fr.; pour l'étranger, 6 fr.

Journal de pharmacie et de chimie, par MM. BOULLAY, BUSSY, F. BOUDET, CAP, BOUTRON-CHARLARD, FREMY, BUIGNET, GOBLET, POGGIALE, REGNAULD et LÉON SOUBEIRAN; contenant une Revue médicale, par le Dr VIGLA ; le Bulletin des travaux de la Société de pharmacie de Paris, et une Revue des travaux chimiques publiés à l'étranger par M. J. JUNGFLEISCH, IVe série, ayant été commencée en janvier 1865.

Le *Journal de pharmacie et de chimie* paraît tous les mois par cahiers de 5 feuilles. Il forme chaque année deux volumes in-8; des planches sont jointes au texte toutes les fois qu'elles sont nécessaires.

Prix de l'abonnement pour Paris et les départements........... 15 fr.

Journal de l'agriculture, de la ferme et des maisons de campagne, de l'horticulture; de l'économie rurale et des intérêts de la propriété, fondé et dirigé par J.-A. BARRAL, paraissant le samedi de chaque semaine, en une livraison de 52 à 68 pages, avec gravures et planches coloriées. — Un an, 20 fr.; — six mois, 11 fr.; — trois mois, 6 fr.

Les abonnements partent du commencement de chaque trimestre.

LE VERGER. — Publication périodique d'arboriculture et de pomologie, dirigé par M. MAS, et paraissant depuis janvier 1865.

LE VERGER publie mensuellement une livraison de 16 pages de texte, contenant la description et la culture de huit variétés, et la représentation de chacune d'elles par la chromolithographie.

Prix de l'abonnement annuel............................... 25 fr.
Chacune des années complètes........................... 25 fr.

Corbeil., typ. et stér. de CRÉTÉ fils.